a

Grundlegende Experimentiertechnik im Physikunterricht

von
Prof. Dr. Jan-Peter Meyn

2., aktualisierte Auflage

Oldenbourg Verlag München

Professor Dr. Jan-Peter Meyn war an den Universitäten Hamburg, Stanford und Kaiserslautern in der Laserphysik tätig. Anschließend arbeitete er als Lehrer am Gymnasium und übernahm 2005 die Professur für Didaktik der Physik in Erlangen. Forschungsschwerpunkt ist die Einbindung moderner Physik in den Schulunterricht.

Bibliografische Information der Deutschen Nationalbibliothek

Die Deutsche Nationalbibliothek verzeichnet diese Publikation in der Deutschen Nationalbibliografie; detaillierte bibliografische Daten sind im Internet über http://dnb.d-nb.de abrufbar.

© 2013 Oldenbourg Wissenschaftsverlag GmbH
Rosenheimer Straße 145, D-81671 München
Telefon: (089) 45051-0
www.oldenbourg-verlag.de

Lektorat: Kristin Berber-Nerlinger
Herstellung: Tina Bonertz
Titelbild: Prof. Dr. Jan-Peter Meyn
Einbandgestaltung: hauser lacour
Gesamtherstellung: Grafik & Druck GmbH, München

Dieses Papier ist alterungsbeständig nach DIN/ISO 9706.

ISBN   978-3-486-71624-5
eISBN   978-3-486-72124-9

Vorwort

Physikunterricht beginnt mit der bewussten Beobachtung von Naturphänomenen aus der Lebenswelt der Schülerinnen und Schüler. Experimente werden eingesetzt, um Phänomene zu verdeutlichen oder Verhältnisse bewusst zu manipulieren. Für die Vorbereitung von Schülerexperimenten, Freihand-Versuchen und komplexen Demonstrationsexperimenten steht eine Vielzahl von Lehrbüchern zur Verfügung [5, 10, 11, 20, 23, 29, 31, 37–40, 48, 51, 66, 70, 76, 85–87, 109, 118, 130, 136, 137, 149, 151]. Zudem besitzen Schulen meist eine umfangreiche Sammlung von Komplettversuchen, einschließlich Anleitungen. In der Praxis steht man trotzdem oft vor dem Problem, dass Experimente schwierig aufzubauen sind oder nicht wie geplant funktionieren. Die vorliegende Arbeit soll eine Brücke schlagen zwischen den rezeptartigen Versuchsbeschreibungen in Lehrmittelsammlungen und den zitierten Monographien. Die inhaltlichen Schwerpunkte und manche sonderbar erscheinende Details haben sich im Rahmen einer Lehrveranstaltung zur grundlegenden Experimentiertechnik an der Friedrich-Alexander-Universität Erlangen-Nürnberg ergeben. Zur Zielgruppe gehören neben den Lehramts-Studierenden auch Physiklehrer und Betreuer von Praktikumsversuchen.

Im ersten Teil wird die Funktion wichtiger Geräte physikalisch erläutert. Technische Details, die für die Funktion von Experimenten wichtig sein können, sind in der Regel nicht im Fokus von einführenden Lehrveranstaltungen zur Experimentalphysik. Manche Daten findet man nur zufällig in Betriebsanleitungen oder Spezialliteratur. Es gibt z.B. keinen Grund, aktiv nach dem Lichtstrom von Halogenlampen zu suchen – dass es Typen gibt, die bei gleicher elektrischer Leistung doppelt so hell sind, ist in der Anwendung dann doch gut zu wissen.

Im zweiten Teil werden einige Experimente exemplarisch besprochen. Hier soll aufgezeigt werden, wie eine Optimierung im Rahmen der Möglichkeiten an Schulen aussehen kann. In erster Linie geht es um technische Optimierung, aber didaktische Aspekte spielen ebenfalls eine Rolle. Die Auswahl der Experimente soll nicht möglichst viele Fachgebiete abdecken, sondern häufig vorkommende technische Aspekte des physikalischen Demonstrationsexperiments in verschiedenen Zusammenhängen behandeln. Es wird empfohlen, diese Experimente nachzubauen und an die eigenen verfügbaren Geräte anzupassen. Die erworbene Unabhängigkeit von detaillierten Bauanleitungen und speziellen Geräten kann für viele andere Experimente im Physikunterricht gewinnbringend und zeitsparend wirken.

Die optische Spektroskopie nimmt einen auffallend großen Raum ein. Neben der Möglichkeit, die erworbenen Fähigkeiten anhand komplexerer Aufbauten zu prüfen, war auch die Bedeutung in der Astrophysik ein Auswahlkriterium: Unser Wissen über den Aufbau und die Dynamik des Universums wird weitgehend durch Spektroskopie elektromagnetischer Strahlung gewonnen. Zudem ist Optik einfach schön [15, 16].

Sicherheitsaspekte gehören zur Experimentiertechnik selbstverständlich dazu. Die Vielzahl von Einzelhinweisen soll nicht den Eindruck erwecken, dass physikalische Experimente gefährlich seien. Gefährlich wird Physikunterricht nur durch Langeweile oder Stress; beides kann man durch professionell vorbereitete Experimente weitgehend vermeiden.

Zur Vertiefung in verschiedene Richtungen sind die eingangs zitierten Werke geeignet, wobei sich die Auswahl aus der konkreten Fragestellung ergibt. Das Buch von Christlein [20] beschreibt anspruchsvolle Schul-Experimente mit technischen Mitteln der 1960er Jahre; Grundlegendes ist heute noch aktuell und der damalige hohe Stand der Experimentierkunst an Schulen kann Motivation für eigene Arbeiten sein. Bücher zu Einführungsvorlesungen und Anfängerpraktika an Universitäten enthalten eine Fülle von konkreten Hinweisen zum Aufbau und zur konsequenten Auswertung von quantitativen Experimenten [10,31,76,149]. *Building scientific apparatus* [96] gibt Antworten auf praktische Fragen des Aufbaus von Experimenten, die über das vorliegende Werk weit hinaus gehen.

Anspruchsvoller Physikunterricht kann sich in freier Natur ereignen [95,156], das wird durch den technischen Schwerpunkt dieser Arbeit keinesfalls in Frage gestellt. Für den didaktisch begründeten Einsatz von Experimenten in Hinblick auf bestimmte Ziele des Unterrichts wird auf die einschlägige Literatur verwiesen. Hier geht es um Grundfertigkeiten, die eine notwendige, aber nicht hinreichende Bedingung für kompetenten Physikunterricht sind. Als Analogie stelle man sich ein Kochbuch vor, in dem ausschließlich das richtige Schälen von Möhren, das Schärfen der Kochmesser und die botanischen Unterschiede verschiedener Pfeffersorten erklärt würden. Damit lernt man nicht kochen, aber man fundiert die Entwicklung einer guten Küche. Wie beim Kochen, so gilt auch beim Experimentieren: Das praktische Tun ist Voraussetzung für den Erfolg, und es gibt immer Möglichkeiten der Weiterentwicklung.

Anregungen für Verbesserungen und Ergänzungen sind stets willkommen per E-mail an jan-peter.meyn@physik.uni-erlangen.de.

Erlangen, Oktober 2010   *Jan-Peter Meyn*

Vorwort zur 2. Auflage

Die Neuauflage gab Gelegenheit zur gründlichen Überarbeitung. Ergänzt wurden spezielle Themen wie Operationsverstärker, Feinjustageschrauben und Messung der Lichtgeschwindigkeit, aber auch Lösungen für Alltagsprobleme wie die Reparatur von Stabmagneten oder Stab-Tuch-Kombinationen für die Reibungselektrizität. Dem Wunsch nach einer weniger dominierenden Optik wurde bewusst entsprochen; den verbleibenden Umfang begründe ich mit POHL [111]: „In der Optik spielen Linsen etwa die gleiche Rolle wie die Leitungsdrähte in der Elektrizitätslehre. Beide sind ein unentbehrliches Hilfsmittel der experimentellen Beobachtung. Die Handhabung der Leitungsdrähte ist rasch erlernt und weitgehend aus alltäglichen Erfahrungen bekannt. Eine sinngemäße Benutzung von Linsen hingegen erfordert Einzelkenntnisse von nicht unerheblichem Umfang."

Der Grundsatz, alle Aussagen experimentell zu verifizieren, wurde beibehalten. Um das Konzept einer kompakten und preisgünstigen Einführung nicht zu gefährden, wird für speziellen Themen auf Originalarbeiten und Monographien wie [1, 17, 49, 62, 77, 78, 81, 102, 103, 120, 125, 141, 142, 153] verwiesen.

Den Studierenden, deren Ideen und Anregungen aus der praktischen Arbeit in die Neuauflage eingeflossen sind, danke ich herzlich; ebenso Dr. Angela Fösel und Andreas Strunz für ihre Beiträge aus Dozentensicht. Das neue Titelbild symbolisiert Einsichten, die ich Dr. Georg Maier und Prof. Dr. Wilfried Sommer verdanke. Der Lektorin des Oldenbourg-Verlags, Frau Berber-Nerlinger, danke ich für die ausgezeichnete Betreuung des gesamten Publikationsprozesses.

Erlangen, Dezember 2012   *Jan-Peter Meyn*

Inhaltsverzeichnis

1 Elektrizitätsquellen

Für Experimente zum Magnetfeld, zur elektrischen Sicherung und zur Wärmeentwicklung durch Stromfluss muss die Stromstärke größer als 10 A sein. Andere Anwendungen, wie z.B. Operationsverstärker, Franck-Hertz-Versuch etc., benötigen eine möglichst stabile Spannung bei geringer Stromstärke. Für Versuche zur Elektrostatik sind Spannungen von mehreren kV notwendig. Diese Anforderungen können nicht gleichzeitig durch ein einziges Universalnetzgerät erfüllt werden. Die Auswahl des Netzgerätes entscheidet in vielen Fällen über die Funktionsfähigkeit eines Experiments.

1.1 Innenwiderstand

Der Innenwiderstand einer Elektrizitätsquelle bestimmt die maximal mögliche Stromstärke und den Abfall der Spannung beim Anschluss eines Widerstands. Stellvertretend betrachten wir eine elektrochemische Zelle als Modellsystem mit dem in Abbildung 1.1 gezeigten Ersatzschaltbild. Durch eine chemische Reaktion liegt an zwei Elektroden eine Spannung U_0 an (sog. elektromotorische Kraft). Werden die Elektroden durch einen Widerstand R_a miteinander verbunden, fließt der Strom I. Die elektrochemische Zelle hat – wie jeder Leiter – einen eigenen Widerstand, den Innenwiderstand R_i. Der Lastwiderstand R_a und der Innenwiderstand R_i sind in Reihe geschaltet. Die Spannung U_0 fällt anteilig über den beiden Widerständen ab, und zwar jeweils im Verhältnis der Widerstände zum Gesamtwiderstand. Am Anschluss des Netzgerätes liegt die Spannung U_k an. Die Klemmenspannung U_k, Stromstärke I und Leistung der Modell-Elektrizitätsquelle mit konstantem Innenwiderstand als Funktion des Lastwiderstands R_a sind in Abbildung 1.2 gezeigt.

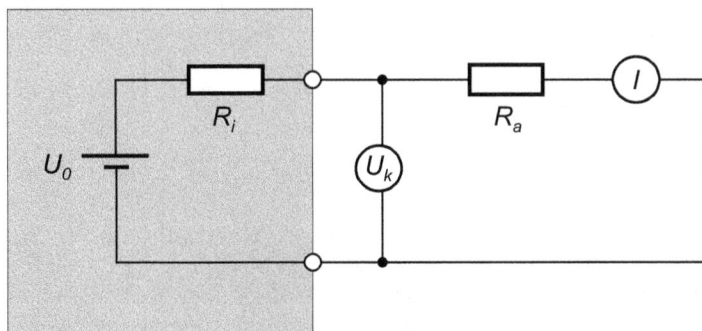

Abb. 1.1: *Ersatzschaltbild für eine Elektrizitätsquelle mit Innenwiderstand.*

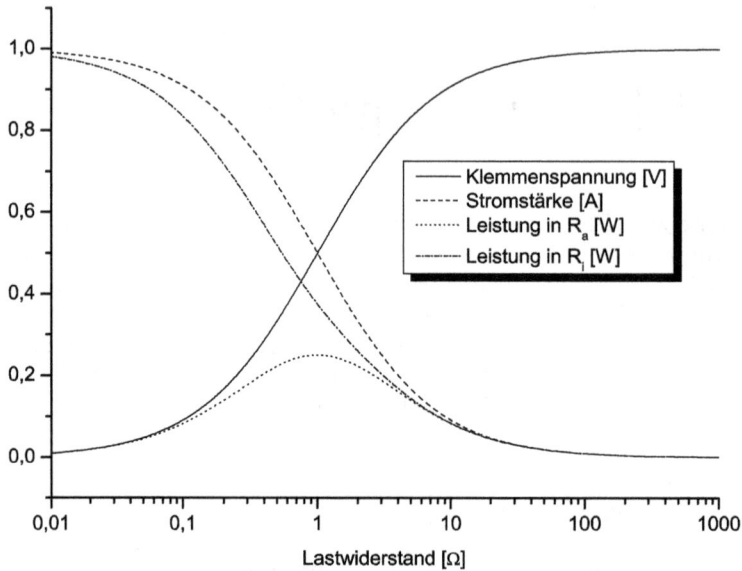

Abb. 1.2: *Klemmenspannung, Stromstärke und Leistung im Lastwiderstand und im Innenwiderstand als Funktion des Lastwiderstands. Die Zahlenwerte gelten für einen Innenwiderstand von $R_i = 1\,\Omega$.*

1.2   Kurzschlussbetrieb

Manche Anleitungen, z.B. für Experimente zum Magnetfeld von stromdurchflossenen Leitern, suggerieren, dass das Netzgerät direkt an den Leiter angeschlossen werden könne. Dafür sind viele Netzgeräte in Schulsammlungen nicht ausgelegt; es kann ggf. zu Störungen wie Auslösung einer Sicherung oder Rauchentwicklung kommen. In den folgenden Kapiteln werden verschiedene Konzepte besprochen, wie man Netzgeräte vor Kurzschlüssen schützt und eine hohe Stromstärke kontrolliert.

1.3   Universalnetzgerät

Der sog. Kleinspannungsstelltransformator hat in Schulsammlungen die Funktion des Universalnetzgerätes, ein typisches Gerät zeigt Abbildung 1.3. Es besteht im Wesentlichen aus einem Transformator, auf dessen Sekundärwicklung mit einem Reiter eine variable Anzahl von Windungen abgegriffen wird, sowie einem Gleichrichter für den Gleichspannungsausgang. Die Spannung am Gleichspannungsausgang schwankt mit einer Frequenz von 100 Hz, siehe Abbildung 1.4. Baut man damit einen Elektromagneten, so spürt man bei Annäherung eines Eisenstücks eine Vibration; schließt man einen

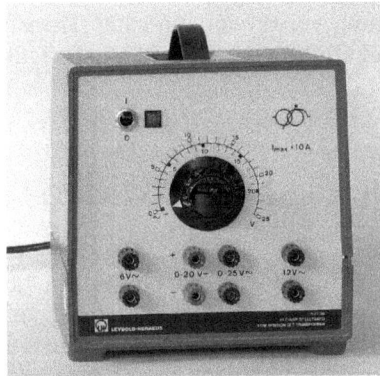

Abb. 1.3: *Kleinspannungsstelltransformator mit Anschlüssen für Wechselspannung und Gleichspannung.*

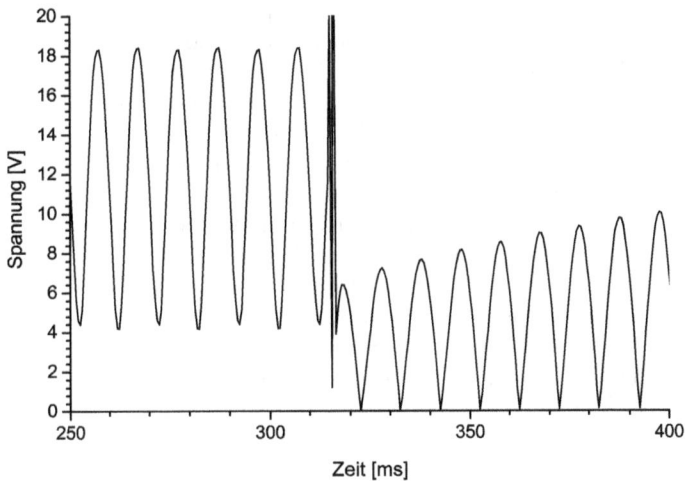

Abb. 1.4: *Zeitlicher Verlauf der Spannung am „Gleichspannungs"-Ausgang eines Kleinspannungsstelltransformators, wie er sehr häufig in Schulsammlungen vorhanden ist. Die Spannung mit dem Nennwert 12 V schwankt periodisch mit 100 Hz sowohl unbelastet als auch nach Einschalten einer Halogenleuchte (Betriebsstromstärke 8 A).*

Transformator an diesen „Gleichspannungs"-Ausgang an, so wird eine belastbare Sekundärspannung induziert. Zudem verursacht schon ein relativ großer Lastwiderstand eine irreguläre Verminderung der Klemmenspannung, vor allem bei kleinen Spannungswerten, abweichend von der theoretischen Kurve in Abbildung 1.2. Auch große Netzteile für die zentrale Versorgung von Experimentierinseln haben oft diese unangenehmen Eigenschaften. Von der Verwendung des Gleichspannungsausgangs des Stelltransformators wird daher abgeraten und die Verwendung elektronisch stabilisierter Netzgeräte (Kap. 1.5) empfohlen.

Den Wechselspannungsausgang verwendet man bei Transformatorversuchen und ggf. für elektrische Heizungen und Glühlampen. Stelltransformatoren sind in der Regel nicht kurzschlussfest!

1.4   Glühlampe als Schutzwiderstand

Bei Schülerexperimenten ist es sehr bequem, die einzelnen Arbeitstische zentral zu versorgen; leider hat das leistungsstarke Netzgerät am Lehrerpult in der Regel keine Strombegrenzung. Dann wird ein Schutzwiderstand gebraucht, der im Falle eines Kurzschlusses die Stromstärke begrenzt und die Verlustleistung auf ein vertretbares Maß verringert. Steckwiderstände vertragen eine Leistung von maximal 1 W und sind grundsätzlich ungeeignet, denn schon bei moderaten Spannungen und Stromstärken wird diese Leistung um ein Vielfaches überschritten.

Eigentlich möchte man im regulären Betrieb den effektiven Innenwiderstand so klein wie möglich halten, damit die Spannung nicht vom Lastwiderstand abhängt; nur bei Überschreiten einer bestimmten Stromstärke soll der Schutzwiderstand in Erscheinung treten. Eine gute Lösung dieses Problems ist die Serienschaltung einer Halogenglühlampe, z.B. der Typ 12 V/100 W. Im kalten Zustand, also bei geringer Stromstärke, beträgt der Widerstand der Lampe rund 0,2 Ω. Bei Nennspannung steigt der Widerstand auf bis zu 1,5 Ω an, die Stromstärke wird für alle Spannungen < 12 V auf maximal 8 A begrenzt. Größere oder kleinere Maximalstromstärken erreicht man durch Kombination mehrerer Halogenlampen. Theoretisch profitiert man am stärksten von der Erhöhung des Widerstands bei einer Spannung von 12 V, aber auch schon bei 4 V (der häufig in Schülerexperimenten verwendeten Spannung) beträgt der Widerstand 1 Ω, so dass 12 V-Lampen auch gut für kleinere Spannungen geeignet sind. Neben dem Anstieg des Widerstands mit der Stromstärke hat die Glühlampe weitere Vorteile: Sie ist für den Dauerbetrieb im heißen Zustand ausgelegt, kann die Wärme effizient abstrahlen, und sie zeigt einen Kurzschluss durch Aufleuchten an.

1.5   Elektronisch stabilisiertes Netzgerät

Elektronisch stabilisierte Netzgeräte halten die Gleichspannung bis zu einer spezifizierten Maximalstromstärke unabhängig vom Lastwiderstand konstant. Bessere Modelle haben einstellbare Grenzen für Stromstärke und für Spannung: Im Leerlaufbetrieb wirkt die Spannungsregelung, bei kleinem Lastwiderstand wird die Stromstärkebegrenzung aktiv. Die Restwelligkeit liegt je nach Netzgerät im Bereich 1 mV bis 100 mV und kann fast immer vernachlässigt werden. Solche Geräte werden in vielen Variationen im Elektronik-Handel angeboten. Bei Neuanschaffung hat z.B. ein Gerät mit 15 V, 40 A erheblich größeren Gebrauchswert als ein Gerät gleicher Leistung mit 30 V, 20 A, weil für viele Experimente die Stromstärke entscheidend ist.

Sogenannte Schaltnetzgeräte sind erheblich leichter als konventionelle Netzgeräte mit 50 Hz-Transformator; es sind Stromstärken im Bereich 40 A bei 15 V Spannung (also 600 W Leistung) bei einer Gerätemasse von weniger als 3 kg realisierbar.

1.6 Funktionsgenerator

Funktionsgeneratoren erzeugen Sinus-, Dreieck-, und Rechteckspannungen mit variabler Frequenz; oft sind noch weitere Möglichkeiten wie zeitabhängige Frequenzen, Rauschen oder programmierbare Signale möglich. Der Innenwiderstand des Ausgangs beträgt typisch $50\,\Omega$ bis $600\,\Omega$, d.h. man kann an den Funktionsgenerator keine Lautsprecher oder andere niederohmige Lasten direkt anschließen. Für akustische Experimente gibt es Funktionsgeneratoren mit eingebautem Leistungsverstärker; sie sind bequem in der Anwendung, aber teuer. Für Experimente mit sehr großer elektrischer Leistung, z.B. glühende Knoten eines schwingenden, stromdurchflossenen Drahts, reicht mancher Leistungsfunktionsgenerator nicht aus. Hier kann man einen einfachen Funktionsgenerator oder Leistungsfunktionsgenerator mit einem größeren Audio-Verstärker (Endstufe) kombinieren; dabei darf die Ausgangsspannung des Funktionsgenerators maximal $0{,}77\,\mathrm{V}$ betragen. Eine Endstufe mit Ausgangsleistung größer als $100\,\mathrm{W}$ an $8\,\Omega$ ist berührungsgefährlich, weil die Ausgangsspannung $33\,\mathrm{V}{\approx}$ übersteigen kann.

1.7 Akkumulator

Akkumulatoren bieten sich für Schülerexperimente an, weil sie preiswert und unabhängig vom Netz sind. Sie haben weitere Vorteile, nämlich eine zeitlich sehr stabile Spannung und einen kleinen Innenwiderstand, womit sie v.a. auch für die Versorgung von Messgeräten und Verstärkern ideal sind.

Nickel-Metallhydrid (NiMH)-Akkus in Mignon-Größe haben eine Leerlaufspannung von $1{,}2\,\mathrm{V}$ und einen Kurzschlussstrom von rund $40\,\mathrm{A}$; der Innenwiderstand ist kleiner als $30\,\mathrm{m\Omega}$. Zur Abschätzung des maximalen Dauerstroms kann man die Kapazität durch eine Stunde dividieren, d.h ein Akku mit $2300\,\mathrm{mAh}$ Kapazität gibt problemlos $2{,}3\,\mathrm{A}$ ab. Eine Stromstärke bis zum Dreifachen dieses Wertes ist bei sorgfältiger Kontrolle von Stromstärke, Ladungszustand und Temperatur möglich. Bei speziellen Typen für Motoren im Modellbau sind noch höhere Werte erreichbar. NiMH-Akkus sind tiefentladesicher, d.h. sie behalten ihre Eigenschaften auch nach vollständiger Entladung, solange die Zellenspannung nicht völlig zusammenbricht. Es ist sogar günstiger, einen teilweise entladenen Akku vor dem Laden ganz zu entladen. Vergleichbar mit NiMH-Akkus sind NiCd-Akkus, die allerdings wegen des Gehalts an giftigem Cadmium nicht neu angeschafft werden sollten. Zum Laden von NiMH-Akkus dient ein prozessorgesteuertes Ladegerät; bei besseren Modellen wird auch der Ladezustand (Ladungsmenge und Spannung) angezeigt und es lassen sich verschiedene Entlade-Lade-Zyklen auswählen. Einfache Ladegeräte mit Zeitschaltuhr sind ungeeignet, denn die Akkus büßen schon nach wenigen Zyklen einen erheblichen Teil ihrer Kapazität ein. Aufgrund der Selbstentladung müssen NiMH-Akkus regelmäßig aufgeladen werden; in jüngster Zeit werden spezielle Typen mit stark reduzierter Selbstentladung angeboten.

Blei-Akkus sind geeignet für Experimente mit sehr großer Stromstärke, da sie als Einzelzellen mit großer Kapazität und kleinem Innenwiderstand gebaut werden. Wartungsfreie Gel-Akkus scheinen auf den ersten Blick attraktiv, sind aber für große Stromstärken ungeeignet. Am besten geeignet ist ein konventioneller Akkumulator mit flüssiger Schwefelsäure. Blei-Zellen müssen im voll geladenen Zustand aufbewahrt wer-

den, und die Selbstentladung muss in regelmäßigen Abständen (z.B. am ersten Schultag
nach den Ferien) ausgeglichen werden. Das Laden sollte durch ein spannungsgeregeltes
Labornetzgerät erfolgen, dann hat man die beste Kontrolle über den Ladevorgang. Die
Ladespannung beträgt 2,40 V. Das Laden ist abgeschlossen, wenn die Stromstärke – die
anfangs viele Ampere beträgt – auf weniger als 1 A abgesunken ist und die Leerlaufspannung direkt nach Abklemmen des Ladegerätes oberhalb von 2,23 V liegt. Anschließend
erfolgt eine Erhaltungsladung bei 2,23 V für 24 Stunden. Damit wird sicher gestellt,
dass die Reaktion zum Abschluss gebracht wird und die Zelle wirklich „voll" ist. Es
ist wichtig, dass die Spannung des Lade-Netzgeräts im unbelasteten Zustand gemessen
wird; ansonsten kommt es zu einem Anstieg der Klemmenspannung beim Abschluss
der Ladung, und der Elektrolyt wird in Wasserstoff und Sauerstoff zerlegt. *Leichte
Gasentwicklung durch Elektrolyse ist auch bei korrekter Ladung normal.* Wegen der
Freisetzung von Wasserstoff muss das Laden in einem gelüfteten Raum erfolgen. Blei-
batterien für höhere Spannungen können nur in Reihenschaltung geladen werden, dazu
sind die angegebenen Werte für eine 6 V Batterie mit 3, für eine 12 V Batterie mit 6
zu multiplizieren.

In Schulsammlungen gibt es mitunter große NiCd-Zellen mit flüssigem Kalilauge-Elek-
trolyt in Reihenschaltung, z.B. Typ Varta TP30. Prinzipiell sind diese wie Blei-Zellen
für große Stromstärken geeignet, jedoch sind die Anschlüsse dafür nicht ausgelegt.
NiCd-Akkus reagieren empfindlich auf Überladung, daher lädt man die Zellen abweichend von der Betriebsanleitung einzeln, z.B. mit einem prozessorgesteuerten Ladegerät
für Haushaltsakkus oder einem elektronisch stabilisierten Netzgerät. Kleinspannungsstelltransformatoren sind als Ladegeräte ungeeignet. Von einer Neuanschaffung sollte
man – analog zu den inzwischen verbotenen kleineren NiCd-Zellen – wegen der Giftigkeit des Cadmiums absehen.

1.8   Kondensatoren

Man kennt Kondensatoren hauptsächlich als elektronische Bauteile mit frequenzab-
hängigem Widerstand, doch man kann sie auch als leistungsfähige Elektrizitätsquelle
einsetzen, wenn eine besonders hohe Stromstärke erforderlich und eine kurze Entla-
dungsdauer hinreichend ist. Bei Spannungen oberhalb 70 V ist sicherzustellen, dass
der Aufbau entweder intrinsisch berührungssicher ist oder sorgfältig gegen Berührung
geschützt wird, siehe Sicherheitshinweise 1.13.2. Nach Gebrauch mit berührungsgefährlicher Spannung sind die Kontakte kurzzuschließen, weil nach einmaliger Entladung
durch Relaxationsprozesse erneut eine gefährliche Spannung entstehen kann.

1.8.1   Folienkondensator

Folienkondensatoren sind mit Kapazitäten bis etwa 10 μF üblich. Gegenüber Keramik-
kondensatoren zeichnen sie sich durch sehr geringe Verluste und einen hohen Innenwiderstand aus, wobei der Polypropylen-Kondensator mit mindestens $10^{11}\,\Omega$ die beste
Spezifikation hat [154].

1.8.2 Elektrolytkondensator

Für Kapazitäten oberhalb $10\,\mu$F sind Elektrolytkondensatoren (Elko) gebräuchlich. Sie sind polar, d.h. ein Anschluss muss immer positiv gegenüber dem anderen Anschluss geladen sein. Bei Vertauschen der Polarität kann der Kondensator zerstört werden. Das kann plötzlich bis explosiv geschehen, so dass beim Arbeiten mit Elektrolytkondensatoren große Sorgfalt notwendig ist. Es gibt sogenannte bipolare Tonfrequenzelkos, aber der Vorteil der Bipolarität wird mit schlechten Spezifikationen bei Verlusten und Innenwiderstand erkauft. Der Elektrolytkondensator dient zum Glätten von gleichgerichteter Wechselspannung, zur kurzzeitigen Erhöhung der Maximalstromstärke eines Netzgerätes, sowie zur Erzeugung elektrischer Pulse mit Stromstärke im kA-Bereich.

1.8.3 Ultrakondensator

Für industrielle Anwendungen, z.B. für Elektromotoren in Kraftfahrzeugen zum Auffangen kurzzeitiger Lastspitzen, werden sogenannte Ultrakondensatoren gebaut. Ein einzelner Kondensator ist etwa so groß wie eine Kaffeetasse und hat eine Kapazität von $C = 2600\,$F. Der Innenwiderstand ist $0{,}4\,$mΩ, die maximale Stromstärke $I_{max} = 4800\,$A und die Masse beträgt nur $0{,}47\,$kg [82]. Die Anwendung eines Ultrakondensators als Stromquelle mit bis zu $900\,$A ist in Abschnitt 9.1.4 beschrieben.

1.9 Netzgeräte für hohe Spannungen

Versuche mit Hochspannung stellen bei Verwendung leistungsstarker Netzgeräte, z.B. älterer Modelle oder Schenkungen aus Forschungslaboren, ein lebensgefährliches Risiko dar. Bei Berührung von Kontakten mit mehr als $70\,$V Differenz zum Erdpotential kann die Stromstärke durch den Körper den kritischen Wert von $20\,$mA übersteigen. Berührungssichere Netzgeräte haben eine elektronische Strombegrenzung auf maximal $1\,$mA, außerdem ist die maximale Energie von Spannungspulsen auf einen ungefährlichen Wert beschränkt. Wenn sich die Garantie der Berührungssicherheit nicht zweifelsfrei direkt am Gerät bestätigen lässt, muss zwischen Ausgangsbuchse und Kabel ein Serienwiderstand geschaltet werden. Es gibt fertige Widerstandsbuchsen mit $4\,$mm-Stecker, die wegen des hohen Widerstands von typisch $50\,$MΩ allerdings nur für elektrostatische Versuche geeignet sind.

Für Geissler-Röhren (Gasentladungsröhren) ist ein Serienwiderstand von $1\,$MΩ vorgesehen. Es passiert sehr leicht, dass bei Verwendung eines normalen Steckwiderstands ein Funke überspringt. Man stellt sich einen guten Hochspannungswiderstand selbst her, indem man 10 Widerstände je $100\,$kΩ in Reihe lötet und in einen Kunststoffschlauch einbaut. Man kann die Anschlussbuchsen komplett in die Schlauchenden stecken, siehe Abbildung 1.5. Für Versuche mit Elektronenröhren sind Gleichspannungen im Bereich einiger hundert Volt und Ströme bis $50\,$mA notwendig. Die passenden Geräte müssen unbedingt mit Sicherheitsmessleitungen angeschlossen werden und sollten nur verwendet werden, wenn die große Stromstärke unumgänglich ist.

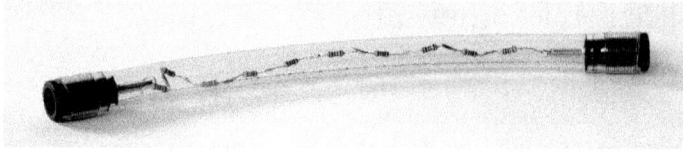

Abb. 1.5: *Hochspannungswiderstand aus 10 Einzelwiderständen. Der Spannungsabfall über jedem Einzelwiderstand beträgt ein Zehntel des gesamten Spannungsabfalls. Die Widerstandskette ist bis mindestens 10 kV verwendbar.*

1.10 Netzunabhängige Hochspannung

1.10.1 Reibungselektrizität mit Freihandgeräten

Das Laden eines Stabes durch Reiben mit einem Tuch ist eine einfache und sichere Methode für Experimente der Elektrostatik. Besondere Materialien wie das oft zitierte Katzenfell braucht man dazu nicht. Mit Seide, Baumwolle, Wolle und Leinen erhält man auf Glas und Plexiglas (PMMA) positive, auf Polyvinylchlorid (PVC) und Polypropylen (PP) negative Ladung. PVC und PP bekommt man in Röhrenform im Baumarkt, Glasstäbe und -röhren im Laborhandel. Man braucht kein besonders knirschiges Tuch zum Reiben. Baumwollgewebe ist angenehm in der Handhabung und effizient. Mit einem einzigen Strich eines sauberen Plexiglasstabs von 15 mm Durchmesser und 300 mm Länge erreicht man bis zu 200 nC Ladung, mit der man ein Elektroskop mit Becherkondensator zum Vollausschlag bringt. Wenn man den Reibevorgang mehrfach wiederholt, sollte man Tuch und Stab zwischendurch auf einer geerdeten Metallplatte oder Alufolie neutralisieren.

1.10.2 Historische Elektrisiermaschine

Ersetzt man den Stab durch eine per Kurbel drehbare Trommel oder Scheibe, auf der ein stationäres Tuch reibt, so hat man schon den Prototyp der Elektrisiermaschine. Elektrisiermaschinen werden nach historischen Vorbildern [52] oder mit modernen Materialen [107] gebaut. Für Versuche mit berührungssicherer Ladungsmenge, bzw. Pulsenergie ist die einfache Elektrisiermaschine eine zuverlässige Quelle, deren Funktion den Schülern unmittelbar einsichtig ist.

1.10.3 Van-de-Graaf-Generator

Der Van-de-Graaf-Generator (Bandgenerator) erzeugt eine sehr hohe Spannung bei kleiner Stromstärke. Eine große Metallkugel wirkt als Kondensator. Entladungen bei Berührung eines größeren Van-de-Graaf-Generators sind zwar für gesunde Menschen nicht gefährlich, aber sehr unangenehm. Der Generator muss geerdet sein, dann ist das Gehäuse auf Erdpotential und die Hochspannung liegt nur dort an, wo man sie erwartet, nämlich an der Kugel. Aufgeladene Personen können sich über einen hochohmigen Serienwiderstand ($R > 10\,\Omega$) oder über eine Glimmlampe entladen. Die geladene Kugel wird mit einem Erdungskabel entladen.

1.10.4   Influenzmaschine

Die Influenzmaschine nach Wimshurst (1832–1903) hat ähnliche Anwendungen wie der Van-de-Graaf-Generator. Die Influenzmaschine ist gewöhnlich mit Kondensatoren in Form von Leidener Flaschen verbunden, welche mit einigen nF eine viel höhere Kapazität haben als die Kugel des Van-de-Graaf-Generators. Daher sind Entladungen in Luft besonders beeindruckend. Gegebenenfalls ist die Restaurierung einer alten Maschine [108] lohnenswert: Defekte Antriebsriemen werden durch einen O-Ring (Dichtungsring aus Gummi) passender Länge ersetzt. Metallflächen, vor allem die Scheibenfelder und die Konduktoren, werden mit einem weichen Radiergummi oder mit Gundel-Putz gereinigt. Die Scheiben sowie alle isolierenden Bauteile werden gründlich mit Glasreiniger oder Isopropanol entfettet. Vorstehende scharfe Metallkanten müssen beseitigt werden, da ansonsten Ladung in die Umgebung gesprüht wird. Die Metallkämme zur Entnahme der Ladungen – verbunden mit den Leidener Flaschen – dürfen die Scheibe nicht berühren.[1] Die diagonal angeordneten Neutralisatoren schleifen auf den Metallfeldern und zerkratzen dabei die sorgfältig aufpolierten Metallfelder. An Stelle der üblichen Kupferdrähte verwendet man Carbon-Pinsel (im Hifi-Fachgeschäft erhältlich zur Entladung analoger Schallplatten), Lametta oder besonders feine Kupferlitze aus einem Lautsprecherkabel.

1.10.5   Sauberkeit bei elektrostatischen Experimenten

Schwierigkeiten bei Versuchen zur Elektrostatik werden oft mit der Witterung begründet. Tatsächlich ist die Leitfähigkeit der Luft auch bei hoher Luftfeuchtigkeit und selbst bei Nebel und Niederschlag hinreichend klein; sonst könnte man ja keine Freilandleitungen bauen. Ladungen können leicht abfließen, wenn die Isolatoren aus Kunststoff oder Porzellan verschmutzt sind. Mit Isopropanol und einem fusselarmen Tuch beseitigt man die Verschmutzung zuverlässig; dieser Alkohol löst sowohl polare als auch unpolare Stoffe gut an und ist nicht gesundheitsschädlich. Ethanol und Spiritus sind gleichwertige Alternativen. Unpolare Lösungsmittel wie Benzin oder gar chlorierte Kohlenwasserstoffe sind nicht geeignet, weil sie Salze aus Schweißrückständen nicht auflösen, während Wasser die fettigen Bestandteile nicht mitnimmt.

Allein die Wimshurstmaschine kann bei schwüler Luft Probleme machen; wenn eine funktionierende Maschine nicht startet, muss man auf den Bandgenerator oder das Reiben von Stäben im Baumwolltuch zurückgreifen, die im sauberen Zustand auch bei hoher Luftfeuchtigkeit zuverlässig sind.

1.11   Kabel

Kabel für den Hausgebrauch haben einen Querschnitt von $1,5\,\mathrm{mm}^2$ und sind für eine Dauerstromstärke von 16 A ausgelegt. Laborkabel haben Querschnitte im Bereich von $0,75\,\mathrm{mm}^2$ bis $2,5\,\mathrm{mm}^2$, entsprechend 8 A bis 25 A maximaler Stromstärke. Die Bauart der Stecker kann großen Einfluss auf den Erfolg eines Experiments haben, wenn man

---

[1]Manche Maschinen gehen auch bei Berührung der Kämme; die zitierte Anleitung bleibt gültig.

mit großer Stromstärke bei geringer Spannung, d.h. bei kleinem Lastwiderstand arbeitet. Manche Stecker haben Kontaktwiderstände in der Größenordnung $100\,\mathrm{m}\Omega$, z.B. weil die Kontaktfläche bei einfachen Federn sehr gering ist, oder weil das Federmaterial verschrammt und oxidiert ist. Federbüschelstecker haben mehrere polierte Kontaktpunkte und sind zudem mit einer korrosionsbeständigen Oberfläche versehen; deren Kontaktwiderstand ist besonders gering. Laborstecker in verschiedener Ausführung zeigt Abbildung 1.6.

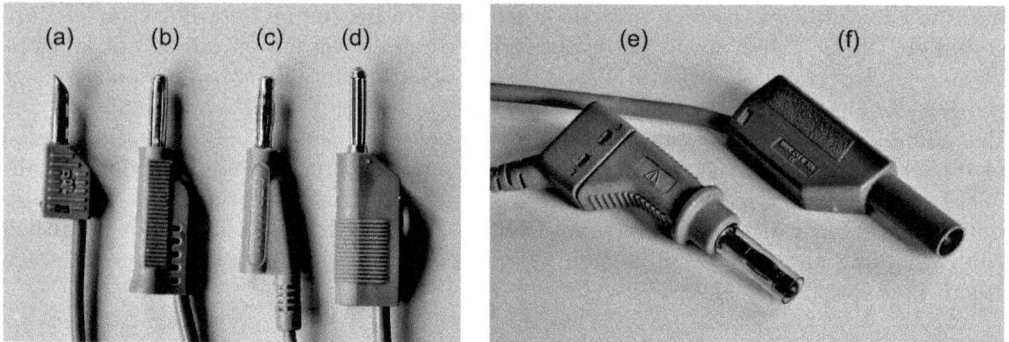

Abb. 1.6: *Laborstecker. Einfach geschlitzte Lamellen (a) und (b) verbiegen leicht und sind anfällig für Wackelkontakte. Gewölbte Federn (c) und federnd gelagerte Lamellen (d) sind zuverlässig. Gegen unbeabsichtigen Kurzschluss oder elektrischen Schlag bei Berührung schützt der Laborstecker mit verschiebbarer Hülse (e), aber er ist unzulässig bei berührungsgefährlicher Spannung. Nur die Bauart mit fester Hülse (f) ist ein Sicherheitsstecker, wie er für Versuche mit berührungsgefährlichen Spannungen vorgeschrieben ist.*

Durch Berührung der Kontakte der Laborstecker kann man leicht einen elektrischen Schlag bekommen, ferner sind auch Kurzschlüsse möglich, durch die eine Apparatur beschädigt werden kann. Sehr ratsam sind daher Sicherheitsstecker, in denen die Kontakte durch eine fest verbundene Kunststoffhülse abgedeckt sind, siehe Abbildung 1.6 (f). Diese Sicherheitskabel sind auch für berührungsgefährliche Spannungen bis $1000\,\mathrm{V}$ zugelassen, wie sie z.B. bei Netzteilen für Elektronenröhren auftreten. Stecker mit verschiebbarer Hülse erfüllen die Vorschrift nicht. Sie erhöhen dennoch die Sicherheit in Fällen, wo ein Sicherheitsstecker wegen inkompatibler Buchsen nicht verwendet werden kann. Die Verbindung von Laborkabeln untereinander erfolgt grundsätzlich durch Verbindungsstücke (Abbildung 1.7). Die rückseitige Buchse dient ausschließlich zum Einstecken von zwei oder mehreren Kabel in eine Gerätebuchse.

Der elektrische Widerstand pro Längeneinheit eines Kupferkabels mit $1\,\mathrm{mm}^2$ Querschnittsfläche beträgt $0{,}017\,\Omega/\mathrm{m}$, ein Draht mit $1\,\mathrm{mm}$ Durchmesser hat einen Widerstand von $0{,}022\,\Omega/\mathrm{m}$; Werte für andere Dimensionen ergeben sich geometrisch. Ein Kabel mit mehr als $2\,\mathrm{m}$ Länge wickelt man zur Aufbewahrung vorteilhaft auf ein Stück Pappe (Abbildung 1.8).

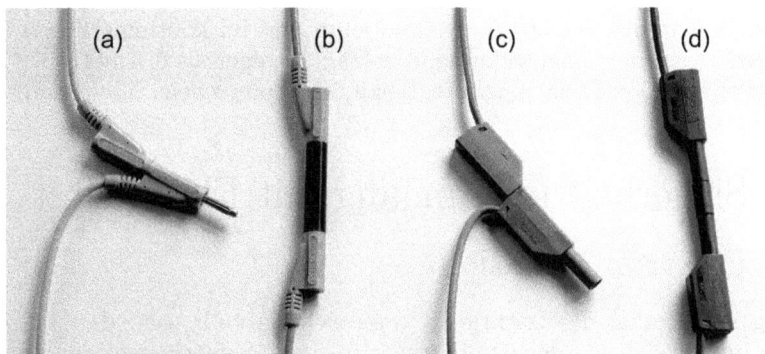

Abb. 1.7: *Verbindung von zwei Laborkabeln. Es dürfen keine Kontakte frei liegen (a), sondern beide Stecker müssen durch eine Kupplung verbunden werden (b). Bei Sicherheitssteckern könnte man auf die Buchse verzichten (c), aber das ist ein schlechtes Vorbild in Hinblick auf Schülerexperimente. Die Sicherheitskupplungen (d) sind für Sicherheitsstecker und normale Laborstecker gleichermaßen geeignet.*

Abb. 1.8: *Übersichtliche Aufbewahrung eines 10m langen Kabels auf einem Stück Pappe.*

1.12   Schalter

Schalter für elektronische Anwendungen sind für eine Stromstärke von etwa 1 A ausgelegt. Bei größerer Stromstärke sollte man die Spezifikation überprüfen und ggf. auf Schalter für elektrische Anlagen zurückgreifen, die in der Regel für 16 A bis 32 A Dauerstromstärke ausgelegt sind. Kurzzeitig kann die Stromstärke um ein Mehrfaches überschritten werden. Wenn der Schalthebel elektrisch angetrieben wird, spricht man von einem Relais: Mit einem kleinen Steuerstrom wird eine Magnetspule versorgt, die den Schalter öffnet oder schließt.

Bei großer Stromstärke ist der Halbleiterschalter eine günstige und zuverlässige Lösung. Ein Thyristor schaltet Gleichstrom mit einer Steuerspannung von wenigen Volt. Als Beispiel aus einer Vielzahl von industriellen Bauteilen sei der Thyristor SKET 330/12 genannt, der Strompulse bis 30 kA schalten kann und im kontinuierlichen Betrieb bis 600 A spezifiziert ist; der Innenwiderstand beträgt weniger als $0,5\,\text{m}\Omega$ [127]. Für Wechselstrom eignet sich der Triac, eine integrierte Schaltung zweier Thyristoren.

1.13 Sicherheit im Umgang mit Elektrizität

1.13.1 Elektroinstallation

Unabhängig von formalen Vorschriften muss sichergestellt sein, dass die elektrische Installation im Physiksaal oder Übungsraum folgende Sicherheitseinrichtungen hat:

1. Schutzleiter. Die seitlichen, offenen Kontakte der Steckdosen müssen auf Erdpotential liegen. Man kann das verifizieren, indem man den elektrischen Widerstand zum Heizungsrohr oder zur Wasserleitung mit dem Digitalvoltmeter misst; er muss kleiner als $1\,\Omega$ sein. In älteren Gebäuden kommt es vor, dass der Schutzleiter nicht angeschlossen ist.

2. Fehlerstromschalter. Dieses Gerät trennt eine elektrische Leitung vom Netz, wenn die Stromstärke zwischen Phase und Nullleiter eine Differenz von 20 mA bis 50 mA überschreitet, weil z.B. durch einen Unfall ein Strom von der Phase zur Erde fließt. Die Idee des Fehlerstromschalters ist die Begrenzung des Stroms durch den menschlichen Körper auf einen Wert unterhalb der tödlichen Schwelle. Es muss ausdrücklich festgestellt werden, dass das tödliche Risiko bei Netzberührung zwar deutlich vermindert, aber nicht ausgeschlossen wird. Auf obligatorische Vorsichtsmaßnahmen wie Trennung des Netzanschlusses bei Reparaturen etc. darf nicht verzichtet werden. Der Fehlerstromschalter muss zur Überprüfung mindestens einmal in sechs Monaten durch Tastendruck ausgelöst werden.

3. Not-Aus-Schalter. Dieser kann nur wirksam sein, wenn Lehrkräfte und Schüler zuverlässig wissen, wo sich dieser Schalter befindet, also testet man ihn mit jeder neuen Klasse.

4. Normalerweise ist mindestens eine Steckdose unabhängig von Fehlerstromsicherung und Not-Aus, nämlich die sog. Staubsaugersteckdose für das Reinigungspersonal. Diese darf für Experimente *nie* verwendet werden, auch nicht für den Tageslichtprojektor, auf dem ggf. Experimente mit Wasser, Metallspänen o.ä. gezeigt werden.

5. Gelb-grün gemusterte Kabel dürfen ausschließlich für direkte Verbindungen zum Schutzleiter oder zu entsprechend bezeichneten Buchsen auf Geräten verwendet werden.

1.13.2 Berührungssicherheit

Ein elektrisches Gerät gilt gemäß EN-61010-1 [26] als berührungssicher, wenn die Spannung an den berührbaren Kontakten folgende Grenzwerte nicht überschreitet:

- 33 V Effektivwert und 46,7 V Spitzenwert bei Wechselspannung oder 70 V bei Gleichspannung. Bei Geräten für nasse Umgebungsbedingungen sind diese Werte zu halbieren, also 16 V Effektivwert und 22,6 V Spitzenwert bei Wechselspannung oder 35 V bei Gleichspannung.

- Bei höheren Spannungen muss die Stromstärke begrenzt sein, und zwar auf 0,5 mA Effektivwert bei Wechselstrom und 2,0 mA bei Gleichstrom, jeweils für eine spezielle Messanordnung. Wenn diese Werte im Kurzschlussbetrieb eingehalten werden, ist die Norm erfüllt.

- Bei Spannungen oberhalb 70 V darf zusätzlich die am Ausgang gespeicherte Ladung nicht größer sein als 45 μC.

- Ab 15 kV gilt zusätzlich der Grenzwert für die gespeicherte Energie von 350 mJ.

Sicherheitsbuchsen an Schulgeräten sind als berührbare Kontakte zu behandeln, da sie mit blanken Bananensteckern verbunden werden können. Die überlieferten Spannungsgrenzwerte für Schulen weichen teilweise von der Norm ab, die sich im Laufe der Zeit auch geändert hat; die *KMK-Sicherheitsrichtlinien zur Sicherheit im Unterricht* [65] spezifizieren 25 V Wechselspannung und 60 V Gleichspannung als Grenzwerte. Mit den EU-Werten für nasse Umgebungsbedingungen (16 V$\approx$, 35 V=) liegt man immer richtig.

1.13.3 Reparaturen an Geräten für Netzspannung

Grundsätzlich sind Geräte für Netzspannung von einem Fachbetrieb zu reparieren, das gilt auch für den häufigen Fehler ausgerissener Zugentlastung und freiliegender Einzeladern. Wenn die Reparatur durch einen Fachbetrieb nicht möglich ist und das Gerät dringend gebraucht wird, gibt es die Alternativen, den Fehler zu ignorieren oder selbst Hand anzulegen. Die zweite Alternative ist sicher das geringere Übel, so dass hier der Hinweis erfolgt, wie Kabel fachgerecht festgeschraubt werden: Das freiliegende Kupfergeflecht wird in eine passende Hülse verpresst und dann festgeschraubt, siehe Abbildung 1.9. Ohne diese Hülse könnte das Kabel leicht ausreißen.

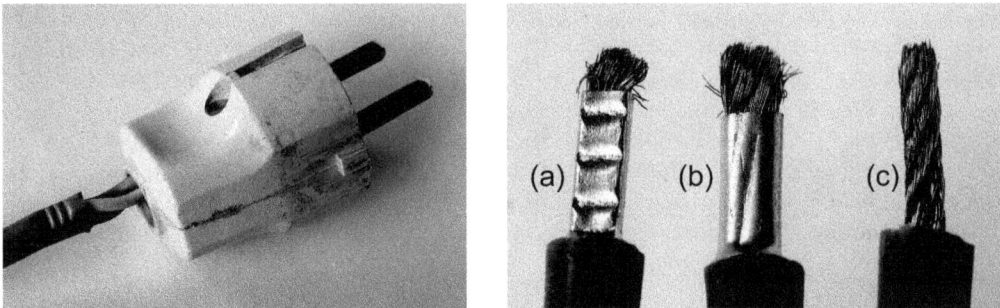

Abb. 1.9: *Links: Gefahr durch ausgerissenes Netzkabel. Rechts: Flexibles Kupferkabel, vorbereitet für Anschlussklemme im Netzstecker. (a) Endhülse mit Spezialzange verpresst, (b) Endhülse mit Flachzange verpresst (Notlösung), (c) ohne Endhülse: unzulässig!*

1.13.4 Kondensatoren

Elektrostatische Spannungsquellen sind in Bezug auf die Grenzwerte für Ladung und Energie in der Regel unproblematisch, aber bei der Verwendung zusammen mit Kondensatoren muss der Grenzwert überprüft werden. Ein Plattenkondensator mit der Oberfläche A und dem Plattenabstand d hat die Kapazität

$$C = \epsilon_0 \epsilon_r \frac{A}{d}. \tag{1.1}$$

Für typisch $A = 4\pi(120\,\text{mm})^2$ und $d = 10\,\text{mm}$ ist $C = 40\,\text{pF}$. Die Durchbruchspannung in Luft beträgt bei $10\,\text{mm}$ Plattenabstand etwa $30\,\text{kV}$. Die maximale Energie

$$E = \frac{1}{2}CU^2 \tag{1.2}$$

ist $18\,\text{mJ}$, also ungefährlich. Das ändert sich, wenn man eine $2\,\text{mm}$ dünne Glasplatte mit $\epsilon_r = 8$ einführt, die bei sauberer Handhabung ebenfalls eine Spannung von 30kV ermöglicht. Damit wird $C = 1,6\,\text{nF}$ und $E = 720\,\text{mJ}$: der Grenzwert für Berührungssicherheit ist zweifach überschritten. Ähnliche Zahlen erhält man für kleine Leidener Flaschen. Es ist also nicht ratsam, ohne quantitative Analyse die Abmessungen zu vergrößern oder mehrere solcher Kondensatoren parallel zu schalten. Die Gefahr steigert sich bei der Verwendung von Folienkondensatoren und vor allem bei den kompakten Elektrolytkondensatoren. Ein unscheinbarer Elko mit 35mm Durchmesser und 50 mm Höhe speichert beim Nennwert $400\,\text{V}$, $470\,\mu\text{F}$ die Ladungsmenge $188\,\text{mC}$: viertausendfach über dem Grenzwert! Mit der entsprechenden Energie von $36\,\text{J}$ kann man es schon ordentlich krachen lassen.

1.13.5 Transformatorversuche

Gefahr geht von Transformatorversuchen aus, wenn die Primärspule ans Netz angeschlossen wird. Die Sekundärspule kann je nach Windungsverhältnis und Spulenimpedanzen Ströme liefern, die den Grenzwert für Berührungssicherheit (Abschnitt 1.13.2) übersteigen oder sogar tödlich sind; das ist vor Beginn des Experiments durch Rechnung auszuschließen. Der Fehlerstromschalter böte wegen der induktiven Kopplung keinen Schutz. Die größte Gefahr geht von der Verbindung der Spule mit der Steckdose aus, für die oft gewöhnliches Laborkabel genommen wird. Man wird vielleicht eine Steckerleiste zwischenschalten, aber zu leicht wird das Ausschalten vor Demontage des Versuchs vergessen. Nach Erfahrung des Autors sind alle üblichen Transformatorversuche einschließlich Schmelzrinne und Punktschweißen ohne netzgekoppelte Primärspule, dafür mit einem $24\,\text{V}$ Wechselspannungsnetzgerät möglich. Beispiele werden in den Abschnitten 9.1.8 und 9.1.9 vorgestellt.

2 Elektrische Messtechnik

2.1 Einfache Messgeräte

2.1.1 Digitalvoltmeter(DVM)

Das Standardmessgerät sowohl für Schülerexperimente als auch für Demonstrationen zum Thema Elektrizität ist das Digitalvoltmeter, kurz DVM. Das Digitalvoltmeter hat in der Regel getrennte Buchsen zur Messung von Stromstärke und Spannung sowie eine gemeinsame Buchse, bezeichnet mit com. Bei der Stromstärkemessung ist der Innenwiderstand sehr gering, bei Spannungsmessung sehr groß, typisch $10\,\mathrm{M\Omega}$. Bei Schülerexperimenten werden die Buchsen leicht verwechselt. Wenn das Gerät in Stromstärkeschaltung zur Spannungsmessung verwendet wird, entsteht ein Kurzschluss und die Sicherung im DVM brennt durch. Danach ist die Stromstärkemessung nicht mehr möglich, wohl aber eine Spannungsmessung. Die einwandfreie Funktion der Stromstärkemessung wird mit einer strombegrenzten Quelle überprüft, bevor DVM an Schüler ausgegeben werden.

Bei der Neuanschaffung kann man darauf achten, dass die Geräte einen möglichst empfindlichen Messbereich für die Stromstärke haben. Mit solchen DVM sind Schülerexperimente mit zentraler Spannungsquelle möglich, deren Stromstärke auf einen Wert unterhalb des Sicherungswertes (meist im Bereich $100\,\mathrm{mA}$ bis $400\,\mathrm{mA}$) beschränkt ist; dann kann die Stromsicherung nicht mehr kaputt gehen. Näheres dazu in Abschnitt 9.1.1. Geräte mit Solarzelle erscheinen auf den ersten Blick attraktiv, weil die Bevorratung von Ersatzbatterien entfällt. Im Unterschied zum Taschenrechner ist die Leistungsaufnahme von DVM allerdings so groß, dass die Solarzelle zur Versorgung nicht ausreicht; die Geräte müssen zusätzlich mit einem $12\,\mathrm{V}$-Netzgerät aufgeladen werden, und die Entladung wird durch die Solarzelle lediglich verzögert.

Eine häufige Fehlerquelle bei DVM einfacher Bauart sind ausgeleierte und korrodierte Buchsen. Der Dauerbelastung im Praktikum halten Geräte für Industrie und Handwerk stand, z.B. [36].

2.1.2 Zeigerinstrumente

Das klassische Zeigermessgerät der Elektrizitätslehre ist das Drehspulinstrument, wie es in Abbildung 2.1 gezeigt ist. Es leistet auch heute noch gute Dienste, weil es im Unterschied zu elektronischen Geräten ohne Batterie auskommt. Im Drehspulinstrument entsteht der Zeigerausschlag durch das magnetische Moment einer stromdurchflossenen Spule. Diese Spule wird bei der Spannungsmessung intern in Reihe mit einem ziemlich großen Messwiderstand, bei der Stromstärkemessung parallel zu einem recht

kleinen Messwiderstand geschaltet. Naturgemäß sind die Werte der Messwiderstände
nicht so extrem groß bzw. klein wie bei elektronischen Geräten, aber für fast alle Anwendungen ist das nicht von Belang. Neben den Geräten mit interner Beschaltung
durch einen Drehknopf gibt es Modelle, in denen die komplette Skala mit eingebautem Messwiderstand ausgetauscht werden kann. Moderne Demonstrationsmultimeter
werden als Drehspulinstrument oder als Digitalvoltmeter mit separat angetriebenem
Zeiger gebaut, letztere benötigen eine Batterie.

Abb. 2.1: *Drehspulinstrument mit wenigen Messbereichen, die aber bei den meisten physikalischen Demonstrationen ausreichen.*

2.1.3   Stromzange

Die Stromstärke ist bei den meisten Messgeräten auf 5 A bis 30 A begrenzt. Größere
Stromstärken bis 1000 A können mit der Stromzange bestimmt werden. Dieses Gerät
misst den magnetischen Fluss um einen stromdurchflossenen Leiter und gibt proportional zur Stromstärke eine Spannung aus, beispielsweise 1 mV/A, die dann mit einem
separaten Spannungsmessgerät angezeigt werden kann.

2.1.4   Widerstandsmessung

Digitalvoltmeter und manche Drehspulinstrumente mit eigener Batterie haben einen
Messbereich für den Widerstand. Das Gerät erzeugt einen Strom in der Größenordnung
mA durch das angeschlossene Bauteil und misst die abfallende Spannung. Daraus wird
nach $R = U/I$ der Widerstand bestimmt und angezeigt. Der Widerstand kann nur an
einzelnen linearen Bauteilen gemessen werden. Bei Halbleitern und anderen nichtlinea-
ren Bauteilen sowie kompletten Schaltungen ergeben sich meist sinnlose Werte, weil
das Messverfahren auf dem ohmschen Gesetz beruht, das dann jedoch nicht erfüllt ist.

2.2   Oszilloskop

Das Oszilloskop zeigt elektrische Spannung als Funktion der Zeit an. Für eine detaillierte Beschreibung wird auf die Bedienungsanleitung des verwendeten Gerätes verwiesen,
hier sollen nur ein paar grundlegende Aspekte besprochen werden. Ein wichtiges Merkmal eines Oszilloskops ist die Zeitauflösung. Sie wird als Grenzfrequenz angegeben und
reicht von 20 MHz entsprechend 50 ns bei Hobby-Geräten bis zu mehreren GHz. Für
Demonstrationsexperimente ist auch das einfachste Oszilloskop mit 50 ns Zeitauflösung
schnell genug. Interessanter ist die Empfindlichkeit, d.h. die kleinste noch messbare
Spannung. Manchmal ist es nützlich, 1 mV pro Skalenteil zu haben, das ist aber nicht
bei allen Geräten verfügbar.

Der Eingangswiderstand kann zwischen 1 MΩ und 50 Ω umgeschaltet werden, letztere
Einstellung ist nur für hochfrequente Signale verwendbar. Wahlweise kann ein Hoch-
pass eingeschaltet werden (AC), um Gleichspannungsanteile zu unterdrücken. Normalerweise will man Gleichspannungsanteile mit messen, das geschieht in der Einstellung
DC. Die Zeitablenkung und die Spannungsanzeige können stufenlos gedehnt werden.
Für quantitative Messungen ist es wichtig, dass der entsprechende Drehregler in der
neutralen Position eingerastet ist.

Die Fassung der Anschlussbuchse (BNC, s.u.) liegt auf Erdpotential. Das ist eine häufige Ursache von Kurzschlüssen; ein Beispiel ist in Abbildung 2.2 gezeigt. Die Bestimmung der Spannung über einem Widerstand, der nicht mit dem Erdpotential verbunden
ist, erfolgt durch Messung beider Potentiale an den Enden des Widerstands in Bezug
auf das Erdpotential. In einem Zweikanal-Oszilloskop kann die Potentialdifferenz der
beiden Eingänge direkt dargestellt werden.

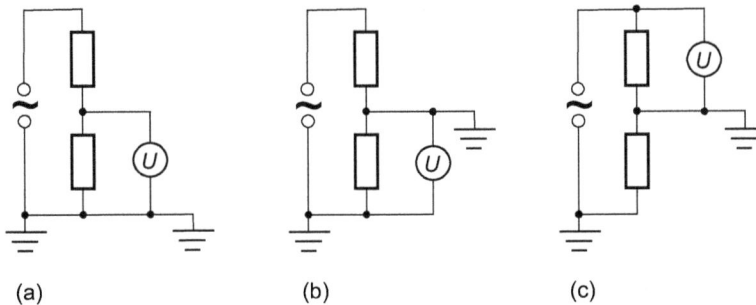

(a)   (b)   (c)

Abb. 2.2: *Kurzschluss bei Spannungsmessung an einer Reihenschaltung von Widerständen
durch geerdete Messbuchse des Oszilloskops. a) Richtige Schaltung; b) und c) der untere Widerstand wird kurzgeschlossen und das Messergebnis ist fehlerhaft. Ist der obere Widerstand
klein, so kann die Stromstärke unerwartet groß werden und Schäden in der Schaltung verursachen.*

2.3 Elektronische Messwerterfassung

Für den Schulgebrauch werden von verschiedenen Herstellern elektronische Messwerterfassungssysteme angeboten. Im Prinzip werden elektrische Spannungen als Funktion der Zeit digital aufgenommen und gespeichert, ähnlich wie beim Oszilloskop. Digitale Oszilloskope mit USB-Anschluss für den Computer sind vergleichbar in der Technologie und in mancher Hinsicht leistungsfähiger, aber die speziellen Messwerterfassungssysteme für den Unterricht können mit Sensoren für Druck, Temperatur, Magnetfeldstärke, etc. ergänzt werden und sind sehr einfach zu bedienen.

Bei manchen Geräten liegt eine Anschlussbuchse auf Erdpotential, so dass es hier ggf. zum Kurzschluss kommen kann, analog zur Messung mit dem Oszilloskop wie in Abbildung 2.2. Man kann das Problem mit einem speziellen Sensor für potentialfreie Spannungsmessung umgehen oder die Differenz zweier verschiedener Potentiale gegen Erdpotential bestimmen. Bei Kompaktgeräten mit Spannungsversorgung über den USB-Anschluss des Computers kann es auch vorkommen, dass ein Anschluss auf einem festen Potential liegt, das vom Erdpotential verschieden ist. Diese Geräte sind in Verbindung mit geerdeten Netzgeräten nicht verwendbar, weil ansonsten unkontrollierte Ströme fließen, die das Messergebnis verfälschen. Es kann hier selbstverständlich kein Vergleich von geeigneten und ungeeigneten Geräten verschiedener Hersteller gemacht werden, zumal diese ständig weiter entwickelt werden. Bei Neuanschaffung sollte man neben Preis und Handhabbarkeit die genannten Punkte überprüfen, die in der Regel nicht unmittelbar auffallen.

2.4 Rauschunterdrückung

Längere Kabel wirken wie Antennen, mit denen Radiosignale aufgefangen werden, die bei der Aufnahme zeitabhängiger Spannungssignale (z.B. in Induktionsversuchen) sehr stören. Abhilfe schafft ein Kondensator parallel zum Eingang des Oszilloskops bzw. Messwerterfassungssystems [54, 140]. Zusammen mit dem Innenwiderstand R der angeschlossenen Quelle wirkt der Kondensator der Kapazität C als Tiefpass mit der Grenzfrequenz

$$\nu = \frac{1}{2\pi RC}.$$ (2.1)

Für das Probieren ohne Rechnung nehme man zuerst etwa $1\,\mu\mathrm{F}$.

Für Messungen bei höheren Frequenzen sind Koaxialkabel mit BNC-Anschluss notwendig, um die Einstreuung von Störsignalen zu verhindern. Diese Kabel sind auch für Messungen von sehr kleinen Spannungen oder Stromstärken zu bevorzugen. Den Aufbau eines solchen Kabels zeigt die Abbildung 2.3. Beim Koaxialkabel wirkt das äußere Geflecht gleichzeitig als Leiter und als Abschirmung nach dem Prinzip des Faraday'schen Käfigs. Auch für sehr schwache Gleichströme wie z.B. bei Versuchen mit Elektronenröhren sind BNC-Kabel empfehlenswert. Für den Zusammenschluss von BNC-Kabeln gibt es spezielle Verbinder sowie Adapter für Laborstecker (Abbildung 2.4).

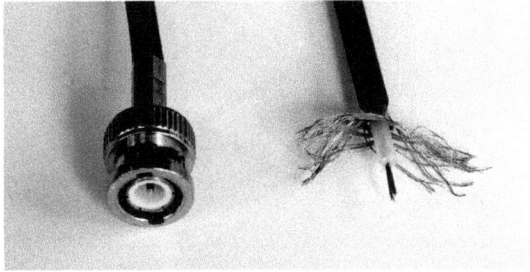

Abb. 2.3: *BNC-Kabel mit Stecker (links) und aufgetrenntes Kabel mit Abschirmgeflecht (rechts). Die Metallfassung und das Geflecht sind bei ordnungsgemäßem Anschluss auf Erdpotential.*

Abb. 2.4: *BCN-Verbinder und Adapter für Laborkabel.*

2.5 Verstärker

Verstärker erhöhen die Spannung oder die Stromstärke eines zeitlich veränderlichen elektrischen Signals. Die internen Halbleiterbauelemente können in Hinblick auf Geschwindigkeit oder Maximalverstärkung oder Eingangswiderstand optimiert werden. Gute Spezifikationen sind nicht in allen Bereichen gleichzeitig zu haben. Neben dem Verstärkungsfaktor für Stromstärke oder Spannung sind die Innenwiderstände von Eingang und Ausgang wesentlich für die Funktion, wie bei der Besprechung der einzelnen Typen jeweils dargelegt wird. Das Prinzip eines Verstärkers zeigt Abbildung 2.5.

Der Messverstärker ist universell verwendbar zur Messung kleiner Spannungen, Ströme und Ladungen. Er basiert auf einem Operationsverstärker (vgl. Abschnitt 2.5.5) in umschaltbarer Konfiguration. Für empfindliche Messungen sind Spezialverstärker lohnenswert, da sie den Universal-Messverstärker in Bezug auf den jeweils entscheidenden Parameter um mehrere Größenordnungen übertreffen können. Geräte für die Forschung funktionieren mit beliebigen Anzeigegeräten, während manche Lehrmittel-Verstärker nur mit einem genau angepassten Voltmeter korrekt funktionieren.

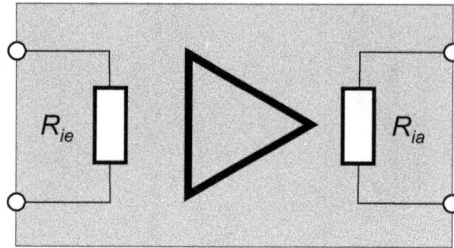

Abb. 2.5: *Ersatzschaltbild eines Verstärkers mit Eingangs- und Ausgangswiderstand.*

2.5.1 Spannungsverstärker

Der Prototyp des Verstärkers erhöht die Spannung eines schwachen Signals, typisch im Bereich μV bis mV, um mehrere Größenordnungen. Eine schulübliche Anwendung ist der Mikrophonverstärker. Der Eingangswiderstand muss relativ groß sein, damit die Induktionsspule des Mikrophons nicht kurzgeschlossen wird. Der Eingangswiderstand sinkt mit Erhöhung der Spannungsverstärkung, d.h. man kann die Sache nicht beliebig weit treiben.

2.5.2 Elektrometer-Verstärker

Beim Elektrometer-Verstärker ist der Verstärkungsfaktor der Spannung Eins, und der Eingangswiderstand von $> 10^{12}\,\Omega$ ist extrem hoch. Am Ausgang liegt die gleiche Spannung wie am Eingang an, aber der Ausgangswiderstand ist so klein, dass ein Voltmeter mit typisch 10 MΩ Innenwiderstand angeschlossen werden kann, ohne dass die Spannung einbricht. Der Elektrometer-Verstärker erhöht also effektiv den Eingangswiderstand des angeschlossenen Voltmeters um viele Größenordnungen. Damit kann man z.B. Gleichgewichtsspannungen in Elektronenröhren oder Ladungsmengen in einem Kondensator bekannter Kapazität messen, weil der Stromfluss durch den hochohmigen Eingang des Elektrometer-Verstärkers vernachlässigbar klein ist. Der Innenwiderstand ist das entscheidende Qualitätskriterium, welches bei vielen Lehrmittelgeräten leider nicht angegeben ist, zumindest nicht auf dem Gehäuse. Wenn in einer Sammlung verschiedene Geräte zur Verfügung stehen, vergleiche man die Abnahme der Spannung eines kleinen Kondensators; die längste Zeitkonstante entspricht dem größten Eingangswiderstand des Verstärkers. Der einfache Selbstbau eines Elektrometer-Verstärkers ist in Abschnitt 2.5.5 beschrieben.

2.5.3 Stromverstärker

Der Stromverstärker hat – wie jedes Stromstärkemessgerät – einen möglichst kleinen Eingangswiderstand. „Klein" ist hier nur so zu verstehen, dass durch den Verstärker die Potentiale im Stromkreis nicht nennenswert verändert werden. Bei sehr kleiner Stromstärke $I < 1\,$nA kann der Innenwiderstand durchaus $R > 100\,$kΩ sein. Am Ausgang liegt eine Spannung an, die proportional zur Stromstärke ist, z.B. $10^9\,$V/A $= 1\,$V/nA; sie wird mit einem Voltmeter gemessen. Spezielle Stromverstärker für die Forschung (z.B. Femto DLPCA-200, [35]) zeichnen sich durch geringes Rauschen, kleinen Eingangswiderstand < 10 kΩ und zuschaltbaren Tiefpass aus.

2.5.4 Leistungsverstärker

Beim Leistungsverstärker muss der Innenwiderstand des Ausgangs so klein sein, dass niederohmige Lasten angeschlossen werden können, z.B. Lautsprecher. Die Impedanz (der Wechselstromwiderstand) eines Lautsprechers ist typisch $4\,\Omega$. Der Spannungs-Verstärkungsfaktor eines gewöhnlichen Audio-Verstärkers liegt im Bereich 10 bis 100; der wesentliche Effekt ist die Erhöhung der Stromstärke um 10^4 bis 10^6. Die maximale Eingangsspannung am AUX oder LINE Eingang eines Audio-Verstärkers beträgt $0{,}77\,\text{V}$, bei höheren Spannungen kommt es zu Verzerrungen.

Die Spezifikation von Audio-Leistungsverstärkern ist diffizil, da diese in der Regel nicht für die Verstärkung eines Sinus- oder Rechtecksignals mit konstanter Amplitude gedacht sind, sondern eine hohe Leistung nur kurzfristig bereitgestellt werden muss; das trifft vor allem für Kfz-Endstufen zu. Verlässlich ist allein die Angabe RMS oder Sinus-Leistung. Ein einfacher und kostengünstiger Audioverstärker ist die integrierte Schaltung TDA 8560 Q für den Betrieb mit 12 V Batteriespannung.

2.5.5 Operationsverstärker

Der Operationsverstärker (OpAmp) ist eine integrierte Schaltung (IC), die durch externe Ergänzung von Widerständen zu Verstärkertypen aller Art erweitert werden kann. Operationsverstärker werden auch von Lehrmittelherstellern angeboten, konfektioniert für Stecksysteme oder im Gehäuse mit 4 mm-Buchsen. Die Versorgung erfolgt durch ein Netzgerät mit symmetrischer Spannung ±15 V und Erdpotential als drittem Anschluss, oder durch zwei Batterien. Es gibt auch Geräte mit integriertem Netzgerät, welches nur eine einfache Gleich- oder Wechselspannung erfordert. Neben Eingang, Ausgang und Buchsen für die Spannungsversorgung verfügen konfektionierte Operationsverstärker oft über ein Potentiometer, mit dem der *Offset* korrigiert werden kann, d.h. die Ausgangsspannung wird bei verschwindendem Eingangssignal auf Null justiert.

Die einfachste Operationsverstärker-Schaltung ist der Impedanzwandler in Abbildung 2.6 (a) mit der Spannungsverstärkung Eins. Bei Typen mit Feldeffekttransistor-Eingang wie AD820, CA3140 oder TL081 ist der Eingangswiderstand von $R_{ie} > 10^{12}\,\Omega$ um viele Größenordnungen höher als der Ausgangswiderstand und der typische Eingangswiderstand von Digitalvoltmetern ($10^7\,\Omega$). Aufgrund des sehr hohen Widerstands kann man die Spannung an einem kleinen Kondensator bestimmen, ohne diesen nennenswert zu entladen. Bei 10 nF Kapazität und $R_{ie} = 10^{13}\,\Omega$ beträgt die Zeitkonstante der Entladung rechnerisch drei Stunden, so dass der Spannungsabfall während einer wenige Sekunden dauernden Messung vernachlässigbar ist. Mit der Impedanzwandler-Schaltung wird eine Ladungsmenge folgendermaßen bestimmt: Zuerst wird der Eingang kurzgeschlossen, damit am Eingang die Ladung Null ist, ggf. muss der Offset korrigiert werden; danach wird der Kurzschluss wieder getrennt. Der Eingang des Verstärkers wird mit einem Kondensator bekannter Kapazität C verbunden, welcher geladen wird; am Ausgang wird die Spannung U_a gemessen. Die Ladung wird aus $Q = CU_a$ be-

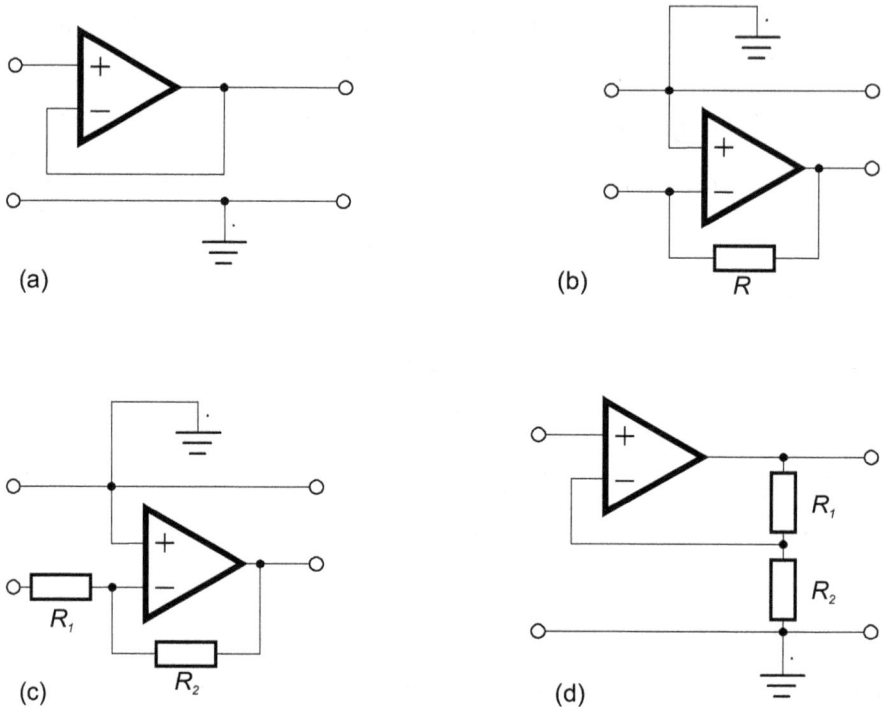

Abb. 2.6: *Anwendungen des Operationsverstärkers. (a) Impedanzwandler mit Spannungs-verstärkung 1. Zur Ladungsmessung wird der Eingang mit einem Kondensator bekannter Kapazität C verbunden. (b) Transimpedanzwandler zur Bestimmung der Stromstärke im Eingang aus der Ausgangsspannung gemäß $U_a = RI_e$. (c) Spannungsverstärkung invertierend, kleiner Eingangswiderstand. (d) Spannungsverstärkung nichtinvertierend, großer Eingangswiderstand. In allen Schaltungen muss die erwartete Ausgangsspannung kleiner als die Betriebsspannung sein.*

rechnet, wobei die Kapazität des Operationsverstärker-Eingangs von einigen pF nicht nennenswert beiträgt. Die Selbstentladung des Kondensators ist nur bei guten Folienkondensatoren vernachlässigbar. Bei Kapazitäten kleiner als 10 nF sieht man Influenz durch Bewegung des Experimentators und den Einfang von Ladungen an offenen Kontakten. Das ist kein Fehler, sondern ein Zeichen für die hohe Empfindlichkeit des Operationsverstärkers.

Für die Messung kleiner Stromstärken verwendet man die Transimpedanzwandler-Schaltung in 2.6 (b), für die der AD820 sehr gut geeignet ist. Am Ausgang hat man eine Ausgangsspannung U_a proportional zum Eingangsstrom I_e gemäß $U_a = RI_e$. Der Eingangswiderstand R_{ie} ist um viele Größenordnungen kleiner als der Widerstand R. Wie die Ladungsmessung, so ist auch die Stromstärkemessung anfällig für äußere Störungen, welche durch kurze Verbindungen, Abschirmung durch leitfähiges Gehäuse sowie Sauberkeit bei der Montage verringert werden können.

Die Impedanzwandlerschaltung ist unter der Bezeichnung *Elektrometer-Verstärker* im Lehrmittelhandel erhältlich. Sie ist für Ladungs- und Stromstärkemessung oft empfindlicher als der Universal-Messverstärker. Messbereiche werden durch steckbare Kondensatoren bzw. Widerstände festgelegt. Die Schaltsymbole auf dem Gehäuse stimmen nicht immer mit dem Schaltplan der Abbildung 2.6 überein, so dass man ggf. die Bedienungsanleitung des Herstellers konsultieren muss. Alternative kauft man eine OpAmp-IC, Widerstände und Kabel für wenige Euro im Elektronikgeschäft und montiert diese selbst auf einer Platine oder Steckfassung gemäß Schaltplan. Die Belegung der Beinchen der OpAmp-IC findet man im Datenblatt des Herstellers. Die vollständige Beschaltung eines AD820 für den Nachweis von Ladungsmengen im nC-Bereich sowie deren Realisierung mit einfachsten Schulmitteln zeigen die Abbildungen 2.7 und 2.8.

Die Spannungsverstärkung ist möglich mit den Schaltungen der Abbildung 2.6 (c) und (d); es reicht ein Standard-Operationsverstärker wie LM741. Mit dem Leistungs-Operationsverstärker TCA365 kann man Mikrophonsignale direkt am Lautsprecher wiedergeben, sofern das Netzgerät genügend Stromstärke erlaubt. Beim invertierenden Verstärker (c) ist die Verstärkung $-R_2/R_1$, beim nichtinvertierenden Verstärker (d) ist sie $1 + R_2/R_1$. Die invertierende Vestärkerschaltung hat einen geringen Eingangswiderstand, nämlich R_1. Die Widerstände sollten im kΩ-Bereich liegen. Die maximal mögliche Verstärkung ist Spezifikationsmerkmal und beträgt etwa 10^4 bis 10^5 (80 dB bis 100 dB). Zum Studium weiterer Anwendungen des Operationsverstärkers wird [54] empfohlen.

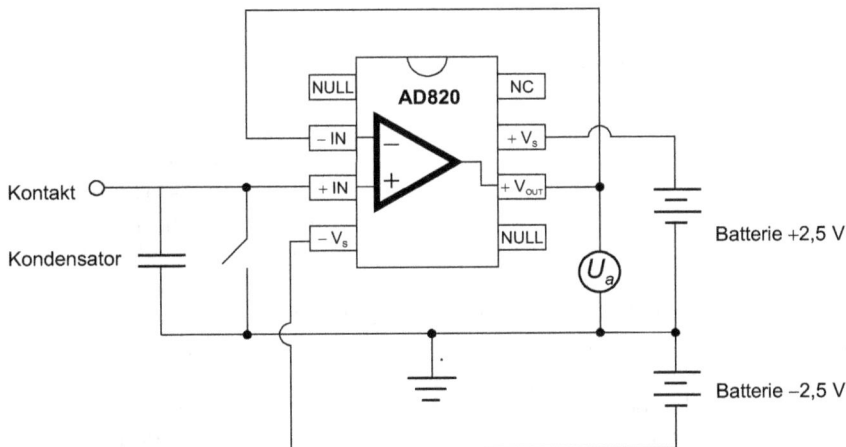

Abb. 2.7: *Impedanzwandler-Schaltung mit Operationsverstärker AD820 zur Bestimmung der Ladungsmenge über die Spannung am Kondensator. Die Bezeichnung der acht Beinchen des Bauteils ist dem Datenblatt entnommen [4]. Zwischen den beiden Anschlüssen NULL könnte mit einem 20 kΩ Spannungsteiler mit Abgriff auf Masse der Offset korrigiert werden, was aber in dem konkreten Aufbau entbehrlich war. Der Kontakt NC ist funktionslos. Andere Operationsverstärker werden sinngemäß verwendet, u.a. haben die Typen CA3140 und TL081 die gleiche Belegung der Kontakte.*

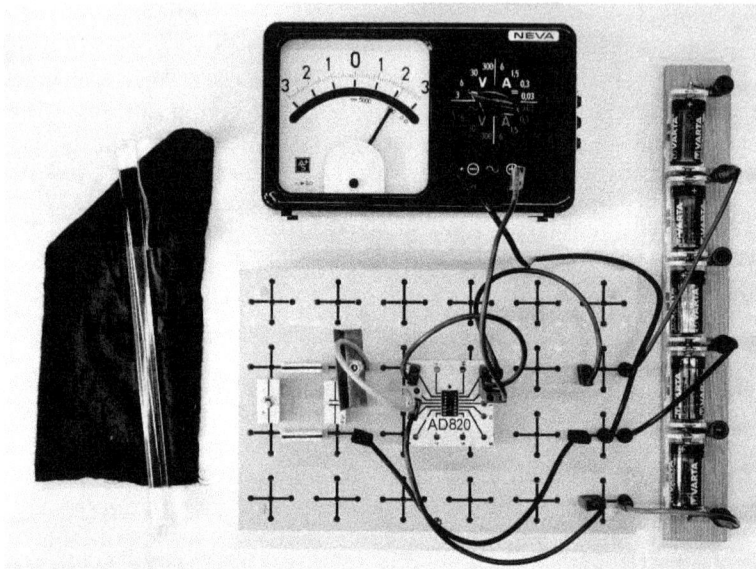

Abb. 2.8: *Impedanzwandler mit einfachsten Schulmitteln. Dem AD820 reichen schon ±2, 5 V Betriebsspannung aus vier Akkumulatoren. Mit einem Strich eines Plexiglasstabs in Baumwolle wird der 100 nF Messkondensator über eine Metallplatte auf 2 V aufgeladen, entsprechend 200 nC Ladung.*

2.6   Glimmlampe

Bei elektrostatischen Versuchen dient die Glimmlampe zum einfachen und empfindlichen qualitativen Nachweis von Ladung. Die Glimmlampe besteht aus zwei Elektroden im Abstand von etwa einem Millimeter in verdünntem Neon-Gas. Bei hinreichend hoher Spannung (typisch > 100 V) wird das Neon-Gas ionisiert und die Glimmlampe wird leitfähig; an der negativen Elektrode wird ein orangefarbenes Leuchten beobachtet, welches wieder erlischt, sobald die Spannung unter den Schwellwert gefallen ist. Ein kurzzeitiges Aufleuchten wird auch bei kleiner Ladungsmenge beobachtet, wie sie beispielsweise von einem Elektroskop oder einer geladenen Kugel gespeichert werden kann. Glimmlampen in der traditionellen Stabform [107] sind besonders einfach zu verwenden: Man hält einen Kontakt in der Hand und den anderen Kontakt an den geladenen Körper. Der winzig kleine Entladungsstrom fließt über den Experimentator in die Erde, welche definitionsgemäß das neutrale Potential ist.

3 Magnete

3.1 Permanentmagnet

Moderne Permanentmagnete aus NdBFe-Legierung (Neodym-Magnete) sind aufgrund ihrer großen Feldstärke verlockend für viele Experimente und sie sind in verschiedensten Abmessungen günstig erhältlich. Allerdings haben NdBFe-Magnete auch Nachteile: sie sind sehr spröde und werden beim gegenseitigen Anhaften leicht beschädigt. Größere Magnete üben so große Kräfte aufeinander aus, dass man sich die Finger verletzen kann. Die gewöhnlichen Lehrmittelmagnete bestehen aus AlNiCo. Diese Legierung hat eine hohe Remanenz von etwa 1,1 T und ausgezeichnete mechanische Eigenschaften, so dass sie nach wie vor der bevorzugte Werkstoff für den schulischen Einsatz ist. Bezogen auf den Durchmesser eines zylindrischen Magneten ist beispielsweise die Tragfähigkeit von Nägeln für NdBFe und AlNiCo vergleichbar. Diverse Fachhändler von NdBFe-Magneten haben auch AlNiCo mit der traditionellen rot-grünen Lackierung im Programm. Einziger Nachteil von AlNiCo ist die geringe Koerzitivfeldstärke von 50 kA/m. Ein Magnet aus AlNiCo wird durch Berührung mit einem NdBFe-Magneten umpolarisiert. Man erzeugt meistens keinen umgekehrten Dipol, sondern einen Multipolmagneten, mit dem man nichts Sinnvolles mehr anfangen kann. Das Feldlinienbild eines derart beschädigten Magneten im Vergleich zum Dipol zeigt Abbildung 3.1. Weitere Informationen zu Magnetwerkstoffen und deren sachgerechter Anwendung findet man bei [55].

3.2 Aufbewahrung

Permanentmagnete werden am besten in dickwandigen Holzkisten aufbewahrt, so dass sie aufgrund der großer Abstände sich nicht gegenseitig ummagnetisieren oder durch plötzliche Anziehung mechanisch beschädigt werden können. Unkontrollierte Bewegung der Kästen im Schrank wird vermieden, wenn man die Behälter auf eine Eisenplatte legt. Ein Beispiel für sachgerechte Aufbewahrung zeigt Abbildung 3.2. Bei den empfindlicheren AlNiCo-Magneten sollten die Pole durch ein Eisenstück kurzgeschlossen werden. Beim Hufeisenmagnet geschieht das mit der zugehörigen Eisenplatte, bei Stabmagneten bildet man aus zwei antiparallel angeordneten Magneten und zwei Eisenstücken ein Rechteck.

3.3 Kompassnadeln

Kompassnadeln haben gegenüber Labormagneten kleine Remanenz und Koerzitivfeldstärke. Daher gibt es in Sammlungen oft Nadeln mit falscher Polarisation nach

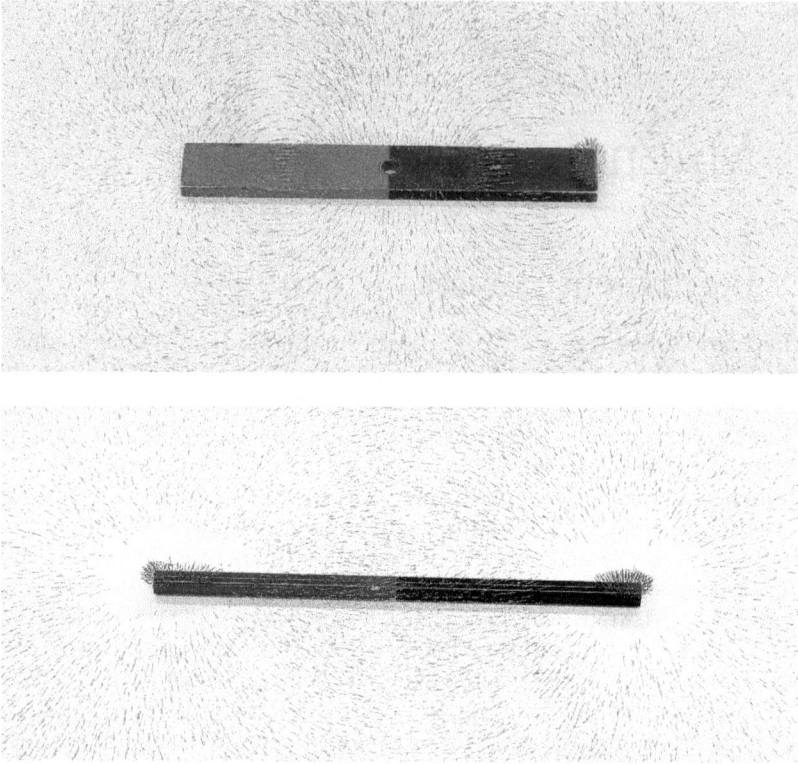

Abb. 3.1: *Multipolmagnet (oben) im Vergleich zum Dipolmagneten (unten). Der obere Magnet ist nicht homogen, sondern besteht aus zwei Permanentmagneten mit Zwischenstück aus Eisen in einer Messinghülse; eine Seite wurde versehentlich umpolarisiert, so dass beide Enden von einem externen Südpol angezogen werden.*

Abb. 3.2: *Aufbewahrungsboxen für NdBFe-Magnete.*

Berührung mit Stabmagneten. Domänenmodelle mit mehr als 100 Kompassnadeln im Plexiglasgehäuse müssen besonders vorsichtig behandelt werden. Eine einzelne Magnetnadel kann man im Innern einer Spule richten; das ist besser als die Berührung mit einem Stabmagneten, weil durch die Homogenität des Spulenfeldes ein gleichmäßiger Dipol gewährleistet wird.

3.4 Permanent magnetisierbarer Stahl

Zur Demonstration der permanenten Magnetisierung, Umpolung und Entmagnetisierung im Wechselfeld braucht man einen Stahl mit Koerzitivfeldstärke von der Größenordnung 10 kA/m, weil man diese Feldstärke gut mit gewöhnlichen Transformatorspulen erreichen kann; gleichzeitig soll die Remanenz hinreichend hoch sein, um mit dem Werkstück andere eiserne Gegenstände anzuziehen. Die Remanenz von Baustahl und Kohlenstoffstahl ist unzureichend. Verschiedene Werkzeugstähle zeigen ausgeprägte Remanenz. Gut geeignet sind sogenannte Drehlinge, also Rundmaterial aus HSS-Co Werkzeugstahl, die man im Fachhandel für Metallwerkzeuge [53] oder in einer Dreherei mit bis zu 25 mm Durchmesser bekommt. Verwendbar sind auch die gehärteten Stahlstangen 6 mm Durchmesser aus dem Mikrobanksystem von Linos/Qioptiq [113]. Ansonsten kann man durchgehärtete Werkzeuge mit annähernd zylindrischer Geometrie wie Inbusschlüssel, Körner und Durchschläger probieren, oder den leicht als Rundmaterial verfügbare Silberstahl 115CrV3 (1.2210). Die im nächsten Abschnitt besprochene Polarisation von Permanentmagneten AlNiCo gelingt nicht in einer einfachen Spule, sondern erfordert besondere Vorkehrungen.

3.5 Reparatur von Permanentmagneten

Die geringe Koerzitivfeldstärke von AlNiCo führt vor allem bei Stabmagneten zu einer Abnahme der Magnetisierung im Laufe der Jahre. Dieser Nachteil wird zum Vorteil, wenn man die Magnetisierung durch ein äußeres Feld selbst in Angriff nimmt. Die Feldstärke von 50 kA/m ist mit Transformatorspulen nur mit besonderen Vorsichtsmaßnahmen erreichbar, wenn man die Stromstärke für kurze Zeit über die spezifizierte Maximalstromstärke erhöht. Eleganter und zuverlässiger ist eine gepulste Magnetisierungsapparatur für Stabmagnete, die man sich leicht selbst bauen kann: Ein Aluminium- oder Kunststoffrohr mit 32 mm Innendurchmesser wird mit einer Lage Kupferlackdraht $\varnothing$ 2 mm [32] auf einer Länge von 350 mm umwickelt. Der Stabmagnet wird in die Spule gelegt. Ein Elektrolytkondensator 100000 μF, 40 V wird mit einem Labornetzgerät geladen und über die Spule entladen. Die Koerzitivfeldstärke wird für eine effektive Pulsdauer von 16 ms überschritten. Ein Schalter mit Spezifikation 16 A/250 V hält die Spitzenstromstärke von 230 A problemlos aus.

Die gepulsten Magnetisierungsapparatur ermöglicht die Reparatur einer falsch orientierten Kompassnadel im geschlossenen Gehäuse, welche einem stationärem Feld ausweichen würde. Der Kompass wird in die Spule gelegt und mit einem etwas entfernt gehaltenen Stabmagneten korrekt ausgerichtet; dann wird der Strompuls ausgelöst. Die Nadel bleibt aufgrund ihrer Trägheit in der richtigen Orientierung.

Die Reihenschaltung von Spule und Kondensator ist ein Schwingkreis, und der Elektrolytkondensator könnte beim Durchschwingen beschädigt werden. Bei eigenen Versuchen sollte man den Schwingkreis zuerst berechnen, bevor man einen Apparat baut. Das genannte Beispiel ist durch den Drahtwiderstand hinreichend stark gedämpft.

3.6   Eisenfeilspäne

In Sammlungen gibt es mitunter Dosen mit Eisenfeilspänen, die ein längst pensionierter Sammlungsleiter vor Jahrzehnten selbst gefeilt hat und die im Laufe der Zeit verunreinigt und verrostet sind. Eisenfeilspäne von Lehrmittelherstellern oder von Versandfirmen für NdBFe-Magnete zeichnen sich durch eine eng gesiebte Korngröße aus, die für die Sichtbarmachung von Magnetfeldlinien weder zu groß noch zu klein ist; es lohnt sich nicht, mit Ersatzprodukten zu probieren. Eigentlich sind Eisenfeilspäne gut für Schülerexperimente geeignet, z.B. kann man einen Magneten unter ein Blatt Papier legen und das Blatt mit den Spänen bestreuen. Erfahrungsgemäß taucht mindestens ein Schüler seinen Magneten in den Vorratsbehälter und ergötzt sich an dem pelzigen Gebilde. Damit das auch für den Lehrer eine lustige Stunde wird, sei hier das Rezept zur Entfernung der Eisenfeilspäne verraten: Die groben Verunreinigungen werden mit einem Tuch abgewischt und aufgekehrt. Den Rest nimmt man mit einer Bienenwachskugel auf, in die man die Späne hineindrückt. Bienenwachs bekommt man auf Weihnachtsmärkten in Kerzenform. Paraffinwachs aus Teelichten schmiert und ist daher keine Alternative zum Bienenwachs.

3.7   Entmagnetisierung

Nach dem Arbeiten mit Eisenfeilspänen haften diese mitunter an Werkzeugen und sind aus deren Nischen nur schwer zu entfernen. Man entmagnetisiert solche Gegenstände durch Vorbeistreichen an einer Spule mit Eisenkern, durch die ein Wechselstrom fließt. Der Stahl durchläuft mit zunehmender Entfernung immer kleiner werdende Hysteresekurven der Magnetisierung, die Späne fallen schließlich ab.

3.8   Eisenkerne

Eisenkerne für Transformatorversuche werden durch ein äußeres Feld sehr leicht magnetisiert (große magnetische Permeabilität μ_r), und sie lassen sich leicht umpolen (kleine Koerzitivfeldstärke). Es gibt gute und schlechte Eisenkerne. Ein Eisenkern, der im Wechselfeld heiß wird, ist ein schlechter Kern, der nicht nur eine zu große Koerzitivfeldstärke hat, sondern aufgrund der damit verbundenen kleinen Permeabilität auch keine gute magnetische Kopplung ermöglicht. Gute Kerne sind zur Vermeidung von Wirbelströmen aus elektrisch isolierten Blechen zusammengesetzt, aber dieses Merkmal ist leider keine hinreichende Bedingung für die magnetische Qualität.

4   Akustik

4.1   Monochord

Das Monochord ist nicht nur aus musikhistorischer Sicht ein bedeutendes Instrument. Die Anregung der Saitenmoden und das Hören der Obertonreihe sind in der Akustik sowie in der Quantenphysik und Festkörperphysik interessant. Leider sind kommerzielle Monochorde in der Regel von unzureichender Qualität. Der Selbstbau kann auch mit geringen Vorkenntnissen in Holzbearbeitung gewagt werden.

Jede Saite kann man als dünnen Draht und als schwingenden Stab betrachten; im Monochord sollen die Eigenschaften des dünnen Drahtes im Vordergrund stehen. Dazu wählt man für die Saitenspannung den größtmöglichen Wert. Im Instrumentenbau ist es üblich, die Saitenspannung auf die Länge des Tons c" (528 Hz) zu beziehen. Andere Tonhöhen ergeben sich arithmetisch, z.B. c' (264 Hz) als Oktave nach unten der doppelte Wert, f (176 Hz) als Duodezime nach unten der dreifache Wert, etc. Typische Werte für Saitenmaterial sind 250 mm für Messing CuZn30, 310 mm für Eisen und bis zu 400 mm für Klavierdraht, und zwar unabhängig vom Durchmesser. Ein Monochord hat sinnvollerweise einen Grundton, den man gerade noch singen kann, also F (eine Oktave unter f, eine Quarte über C, dem Grundton des Violoncellos). Die richtige Länge einer Messingsaite für den Ton F ist 1500 mm. Wählt man die Länge mit 1440 mm etwas kürzer, erhält man für alle praktisch relevanten Obertöne ganze Zentimeter-Werte. Messingsaiten, Stimmwirbel etc. sind erhältlich bei [145].

4.2   Chladni'sche Figuren

Die Chladni'schen Klangfiguren [19] waren seinerzeit ein Publikumsmagnet und sind auch heute noch eine sehr attraktive Darbietung. Zum Bestreuen der schwingenden Platte nimmt man Sand mit gleichmäßiger Korngröße, wie man ihn im Baumarkt für spezielle Verputztechniken oder zum Einstreuen in Tierkäfige bekommt. Zur Anregung eignet sich ein Bogen für Kontrabass besser als ein Bogen für höhere Streichinstrumente. Die Bogenhaare werden mit Kolophonium eingestrichen, um die Reibung zwischen Bogen und Metallplatte zu erhöhen. Eine moderne Abwandlung ist die Anregung mit Tongenerator und Lautsprecher.

4.3   Orgelpfeifen

Orgelpfeifen werden in theoretischen Schriften zur Akustik oft besprochen. In der Praxis ist der Vorteil einer Orgelpfeife der stationäre Ton, sofern eine geeignete Windversor-

gung zur Verfügung steht. Die gedackte (oben geschlossene) Pfeife hat nur ungerad-
zahlige Obertöne, was die Beobachtung von Schwebungen der Obertöne mit anderen
Tönen erschwert. Die Erscheinungen des Zusammenklangs von reinen Intervallen sind
mit offenen Pfeifen viel deutlicher zu hören [75].

Das Anblasen von Orgelpfeifen mit dem Mund ist möglich, aber man sollte wissen, dass
Metallpfeifen in der Regel mit Blei legiert sind. Pfeifen aus Kirchenorgeln werden nach
Renovierungen gegen Spende abgegeben. Neue Pfeifen sind bei einem Orgelbaumeister
günstiger und in viel besserer Qualität erhältlich als im Lehrmittelhandel. Der Wind-
druck für Orgelpfeifen liegt im Bereich 400 Pa bis 800 Pa (40 mmWS bis 80 mmWS).
Eine Anleitung zum Selbstbau von Orgelpfeifen aus Holz findet man in [13].

4.4   Mikrophon

Mikrophone gibt es für verschiedene Anwendungen mit grundverschiedenen Konstruk-
tionsprinzipien. Das dynamische Mikrophon basiert auf Induktion und liefert Signale,
die unmittelbar auf dem Oszilloskop gezeigt werden können. Dieser Typ ist sehr robust,
braucht keine Spannungsversorgung und ist daher als Standard-Gerät verwendbar; für
den Unterricht reichen schon die einfachsten Modelle. Für Musikaufnahmen im professionellen Bereich werden bevorzugt elektrostatische Mikrophone verwendet. Diese
erhalten eine sog. Phantomspannung von bis zu 48 V aus einem speziellen Mikrophonverstärker. Zwischen diesen Typen liegen einfache elektrostatische Mikrophone, die mit
einer Batterie versorgt werden; sie vereinigen die Nachteile beider Typen und sollten
bei Gelegenheit durch ein dynamisches Mikrophon ersetzt werden. Lautsprecher können
ebenfalls als einfache dynamische Mikrophone verwendet werden.

4.5   Aufnahmegeräte

Soundkarten, wie sie in jedem Computer eingebaut sind, erscheinen zunächst attraktiv für Akustik-Experimente aller Art, aber beim bewussten Hören stellt man fest,
dass die Verzerrungen durch Nichtlinearitäten enorm sind. Für die Aufnahme von Mu-
sik oder Sprache verwendet man besser einen externen A/D-Wandler, der unter der
Bezeichnung *mobile recording studio* im Handel ist. Einfache Modelle beziehen die
Versorgungsspannung über die USB-Schnittstelle, was Pfeiftöne im kHz-Bereich verursachen kann. Geräte mit externem Steckernetzteil sind frei von diesem Mangel. *Mobile
recorder* vereinen Mikrophone, A/D-Wandler und Speicherkarte in einem Handgerät.
Neben mitgelieferter Software kann man den freien Audioeditor *Audacity* [83] verwenden, der sich durch besonders einfache Handhabung auszeichnet und ohne Einarbei-
tungszeit oder Bedienungsanleitung verwendet werden kann. Ausgefeilte Algorithmen
zur Klanganalyse enthält die freie Software *Sounds* [148]. Für einfache Zeitmessungen
wie die Bestimmung der Schallgeschwindigkeit im Klassenzimmer sind alle genannten
Programme geeignet.

5 Optik

5.1 Fassungen und Aufbaumaterial

Ein optisches Experiment besteht aus verschiedenen Komponenten, deren Symmetrieachse mit der optischen Achse des Aufbaus übereinstimmen soll. Die optische Achse kann gerade oder geknickt sein. In Schulen gibt es vor allem Schienensysteme, die lediglich eine Verschiebung der Komponenten in Achsenrichtung erlauben. Das System wäre brauchbar, wenn die jeweiligen Halter sinnvoll gefertigt wären. In der Praxis jedoch werden Komponenten in Fassungen unterschiedlichen Durchmessers eingebaut und mit jeweils gleich langen Stativstangen versehen; dadurch liegen die Symmetrieachsen auf unterschiedlicher Höhe und man braucht eine Vielzahl von unterschiedlich hohen Haltern sowie viel Zeit zum Probieren. Das Reitersystem erlaubt keine Justage in horizontaler Richtung. Bei größeren Anordnungen kann schon eine minimale Abweichung der ersten Linse bewirken, dass die optische Achse für die folgenden Komponenten mechanisch nicht erreicht werden kann. Es gibt wohl Justierfassungen für die horizontale Richtung, aber bei diesen geht das Loch für die Stativstange nicht bis zum Reiter, so dass das Höhenproblem verschärft wird. Wegen der immensen Kosten sind von diesen Fassungen auch niemals genügend vorhanden.

Optische Tische mit Gewinderaster gehören zur Grundausstattung in optischen Laboren; deren Vorteile lassen sich auch in Demonstrations- und Praktikumsexperimenten nutzen. In den Abbildungen 5.1 und 5.2 ist ein Tisch mit Komponenten des Systems der Firma Thorlabs [139] gezeigt; ähnliche und weitgehend kompatible Systeme werden auch von anderen Herstellern angeboten. Die Stativstangen sind auswechselbar und passen spielfrei in die Säulen der Schraubfüße. Einmalig legt man die Länge der Stangen so fest, dass die Höhe der Symmetrieachse aller Bauteile auf einer bestimmten Höhe liegt. In der Praxis hat sich 132 mm (mit einem Variationsbereich 120 mm bis 140 mm) bewährt; dieser Wert ist zwar höher als die in Forschungslabors üblichen, aber damit können auch große Komponenten wie Objektive und Spektrallampen problemlos integriert werden.

5.2 Linsen

Linsen sind durch ihre Brennweite und ihre Öffnung charakterisiert. Der Begriff *Öffnung* hat zwei verschiedene Bedeutungen, zum einen – alltagssprachlich – den Durchmesser in mm, zum anderen den Quotienten aus Durchmesser und Brennweite. Beispielsweise wird eine Linse mit 10 mm Durchmesser und 28 mm Brennweite bezeichnet mit f/2,8; die Zahl 2,8 wird Blendenzahl genannt. In dieser Arbeit wird unter Öffnung immer der Quotient verstanden. Weitere Konstruktionsmerkmale von Linsen

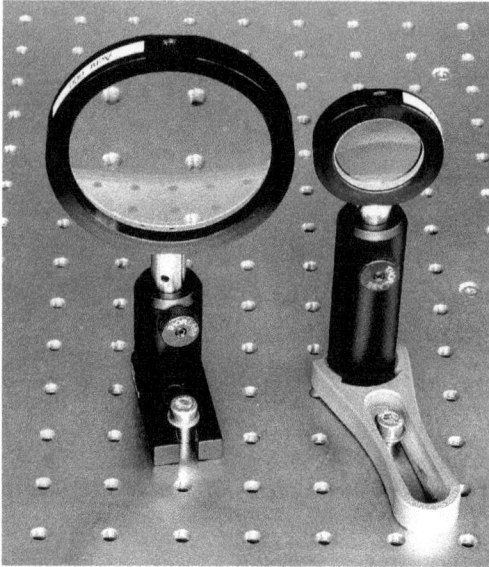

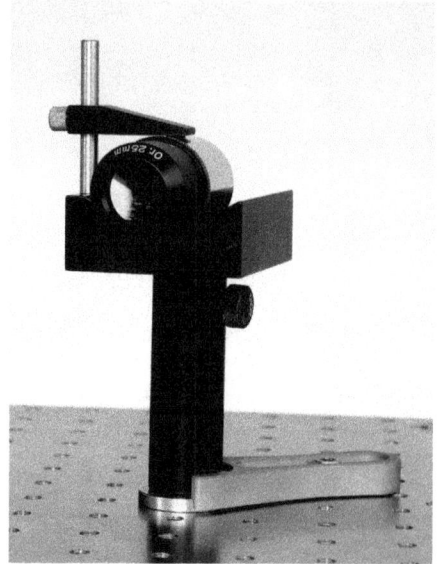

Abb. 5.1: *Links: Linsen auf einem Rastertisch. Die Höhe der optischen Achse ist für bei-
de Linsen gleich; der unterschiedliche Durchmesser wird durch Halter mit verschieden langen
Säulen ausgeglichen. Der linke Schraubhalter ist universell verwendbar und braucht sehr we-
nig Stellfläche. Der aufwändigere Standfuß mit Pratze (Spanneisen) eignet sich besonders in
Situationen, in denen feine Justage notwendig ist. Rechts: Universalhalter mit V-förmiger
Auflage für zylindrische Körper, hier ein Okular.*

Abb. 5.2: *Links: Montage eines unregelmäßig geformten Objekts mittels höhenverstellbarer
Pratze. Rechts: Fehlende Unterlegscheiben führen zur Beschädigung der Aluminiumhalter.*

können durchaus einen wichtigen, manchmal auch funktionsentscheidenden Einfluss
haben. Linsen mit negativer Brennweite (Konkavlinsen) werden nicht separat behandelt, weil sie selten gebraucht werden. Die Argumente für Linsen positiver Brennweite
können sinngemäß übernommen werden. Für die Abstände bei optischen Abbildungen

gilt die Linsengleichung für Brennweite f, Gegenstandsweite g und Bildweite b:

$$\frac{1}{f} = \frac{1}{g} + \frac{1}{b} \tag{5.1}$$

5.2.1 Bikonvex-Linse

Die symmetrische Linse ist universell verwendbar und am besten geeignet bei ähnlicher Gegenstands- und Bildweite.

5.2.2 Plankonvex-Linse

Für Abbildungen mit stark unterschiedlicher Bild- und Gegenstandsweite sind Plankonvex-Linsen günstiger als Bikonvex-Linsen. Dabei muss die gekrümmte Seite zur größeren Entfernung hin orientiert sein, salopp ausgedrückt: „Runde Seite zur Unendlichkeit".

5.2.3 Achromat

Für anspruchsvolle Experimente stören die Abbildungsfehler einfacher Linsen. Eine erhebliche Verringerung der Abbildungsfehler ist bereits mit einem zweilinsigen System möglich. Achromaten bestehen aus zwei verkitteten Linsen. Die Brennweite ist nur schwach von der Wellenlänge abhängig, daher der Name. Weitere Abbildungsfehler sind mit den zusätzlichen Konstruktionsfreiheitsgraden der dritten Grenzfläche und der Glasdicken ebenfalls korrigiert, was in der Praxis meist der bedeutendere Vorteil des Achromaten ist. Auf der optischen Achse ist die Bildschärfe hauptsächlich durch Beugung begrenzt; damit hat ein Achromat auch in monochromatischem Licht einen erheblichen Vorteil gegenüber der Einzellinse. Man erkennt ungefasste Achromaten an der Kittlinie. Für den Schulgebrauch muss man nicht unbedingt die Präzisionslinsen der Optik-Hersteller verwenden, für den Preis einer Linse bekommt man im Bastelversand einen ganzen Sack voll [7]. Auch für Achromaten gilt die Faustregel: Runde Seite (positives Linsenglied) zur Unendlichkeit. Abbildung 5.3 zeigt die Kittlinie eines Achromaten und die einfache Fassung auf Stativstange.

5.2.4 Objektiv

Kamera-Objektive sind Systeme aus vier bis acht Linsen und haben ein großes, planes Bildfeld sowie minimale chromatische Aberration. In der Experimentierpraxis nutzt man vor allem die hohe Toleranz gegen seitliche Verschiebung oder Verdrehung. Sehr leistungsfähige Objektive mit Brennweiten von 100 mm bis 500 mm kann man günstig bei Internet-Auktionen erwerben, nämlich als Repro- oder Großformat-Objektiv. Der Durchmesser des scharfen Bildes ist in etwa gleich der Brennweite. Repro-Objektive lassen sich einfach auf einer durchbohrten Metallplatte fassen, zur Fassung passende Schraubringe werden normalerweise mitgeliefert. Die meisten Objektive sind für verkleinerte Abbildung optimiert, so dass sie eine Vorzugsorientierung haben.

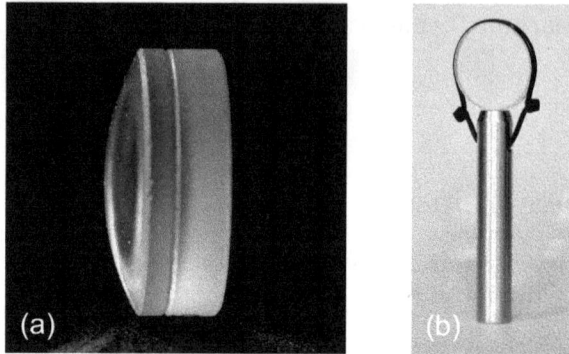

Abb. 5.3: *(a) Achromatische Linse mit Kittlinie. Die „runde Seite" zeigt nach links. (b) Fassung eines Achromaten mit Kabelbinder auf Stativstange.*

Abb. 5.4: *Links: Achromat in Fassung, rechts: Repro-Objektiv mit symmetrischem Aufbau aus 6 Linsen. Brennweite (240 mm) und Öffnung (f/9) sind ähnlich.*

5.2.5   Okular

Für die visuelle Beobachtung kleiner Bilder, wie sie bei Beugungsexperimenten oder in der Spektroskopie auftreten, sind spezielle Okulare den Einzellinsen überlegen, auch wenn letztere prinzipiell verwendet werden können. Die Brennweite eines Okulars wird entweder direkt in Millimetern oder indirekt als Vergrößerungsfaktor angegeben. Die Brennweite ist dann die sogenannte *deutliche Sehweite* 250 mm dividiert durch den Vergrößerungsfaktor. Das zu betrachtende reelle Bild liegt innerhalb des Okularkörpers in der Ebene des Blendenrings. In der Regel reichen Okulare, die man in der Sammlung findet. Bei einer Neuanschaffung achte man auf einen großen Augenabstand (eye relief). Dieser ist in der Praxis für ungeübte Beobachter von hoher Bedeutung, während ein großes Gesichtsfeld von untergeordnetem Interesse ist.

5.2.6 Linse mit variabler Brennweite

Objektive mit variabler Brennweite sind für Photo- und Videoanwendungen weit verbreitet, aber für den Optikunterricht zu sperrig. Der Selbstbau von Linsen mit flexibler Oberfläche und Verformung durch Wasserdruck, beispielsweise für ein Augenmodell, führt meist nicht zu befriedigenden Resultaten. Neuerdings gibt es Linsen mit deformierbarer Oberfläche für Präzisionsanwendungen, z.B. 20 mm Durchmesser, Fassung 8 mm × ∅ 35 mm, Brennweite −40 mm ··· + 40 mm [106], Vertrieb durch [30, 113].

5.2.7 Auswahlkriterien für Linsen

Aus den Beschreibungen soll man natürlich nicht folgern, dass man nur noch Repro-Objektive im Unterricht verwenden sollte; sie sind vielmehr ein spezielles Hilfsmittel in kritischen Situationen oder bei Justierfaulheit. In vielen Situationen reicht es aus, wenn das Bild an einer Stelle scharf ist, d.h. im Zentrum oder auch auf einem Radius; die Bildfeldwölbung spielt dann keine Rolle. In solchen Fällen ist ein präzise justierter Achromat genauso gut wie ein Objektiv. Schon wenige Grad außerhalb der optischen Achse nimmt der Bildkontrast deutlich ab, d.h. laterale Verschiebung oder Verkippung der Linse ist unbedingt zu vermeiden.

Die Abbildungsqualität einfacher Linsen lässt sich sehr effektiv durch Abblenden, d.h. Verringerung der Öffnung steigern. Bei einer Öffnung von f/9 (das ist die maximale Öffnung von Repro-Objektiven) sind einfache Linsen relativ brauchbar in dem Sinne, dass bei perfekter Justage der Kontrast für grobe Strukturen in monochromatischem Licht und auf der optischen Achse ganz passabel ist. Größere Öffnungen, wie sie typischerweise in Sammlungen vorhanden sind, liefern keine scharfen Bilder. Es gibt Fälle, in denen das Abblenden die Sichtbarkeit eines Bildes verbessert, obwohl die Helligkeit abnimmt. Für die quantitative Analyse von Abbildungsfehlern sei das Programm *winlens* [155] empfohlen.

5.3 Spiegel

5.3.1 Rückseitenspiegel

Der normale Badezimmerspiegel ist eine Glasscheibe mit einer Aluminiumschicht auf der Rückseite, welche wiederum durch eine Kunststoffschicht mechanisch geschützt ist. Auch wenn dieser Spiegeltyp in Schulsammlungen vorherrscht, muss doch festgestellt werden, dass er schlecht geeignet ist. Rund 4% des einfallenden Lichtes werden an der Oberfläche des Glases reflektiert, so dass es zu Geisterbildern kommt, wie in Abbildung 5.5 gezeigt ist; bei schrägem Lichteinfall ist die Oberflächenreflexion noch größer.

5.3.2 Oberflächenspiegel

Oberflächenspiegel sind mit Aluminium bedampft, welches mit einer transparenten Schicht aus Siliziumoxid gegen Abrieb geschützt ist. Dennoch sind diese Spiegel nicht ganz unempfindlich gegen Verkratzen. Zum Reinigen sollte Linsenputzpapier mit Iso-

Abb. 5.5: *Mehrfachreflexion einer Kerze an einem Rückseitenspiegel.*

propanol verwendet werden. Standardspiegel haben eine verminderte Reflektivität im UV-Bereich; von Optik-Firmen wird daher eine Sonderbeschichtung mit der Bezeichnung *UV-enhanced* angeboten. Das Versilbern von beliebigen Glasflächen ist eine Technik, die man – eventuell mit Hilfe eines Chemiekollegen – im Prinzip selbst erledigen kann. Entscheidend für den Erfolg ist die Sauberkeit des Substrates. Für Rezepte sei auf die Chemie-Literatur verwiesen.

5.3.3   Spiegel mit dielektrischer Beschichtung

Moderne Beschichtungstechnologie ermöglicht Oberflächenspiegel mit einer Reflektivität von mehr als 99 % über den gesamten sichtbaren Spektralbereich. Die Reflexion wird erreicht durch eine Schichtenfolge dielektrischer Materialien mit stark unterschiedlichen Brechungsindices, wie z.B. SiO_2 und ZrO_2. Früher wurden diese Schichten durch thermisches Verdampfen und Kondensieren hergestellt und waren sehr empfindlich, heute hat sich das Sputtern durchgesetzt und die Schichten sind deutlich robuster als die Oberfläche von Metallspiegeln. Da diese Spiegel nicht nur besser reflektieren, sondern sich zuverlässig reinigen lassen, haben sie in Forschungslaboren die Metallspiegel in spezielle Anwendungsnischen verdrängt. Für die Schule würden sich dielektrische Spiegel auf jeden Fall lohnen. Dielektrische Spiegel gibt es auch für die Reflexion schmalerer Spektralbereiche, diese sind in Abschnitt 5.5.3 abgehandelt.

5.3.4   Spiegelfassung

Wenn man hochwertige Spiegel zur Verfügung hat, braucht man ordentliche Fassungen. Schon die einfachsten Modelle der Laser-Labor-Ausrüster wie [139] sind geeignet für interferometrische Anwendungen und kosten, je nach Größe, 50 Euro bis 200 Euro. Bei aufwändigen Versuchen wie der Lichtgeschwindigkeitsmessung nach Foucault profitiert man nicht nur von der Präzision der Stellschrauben, sondern auch von der festen Verbindung des Halters mit dem Labortisch.

Tabelle 5.1: *Daten verschiedener Halogenlampen.*

	Typ Nr.	el. Leistung	Lichtstrom	Farbtemperatur
Osram Halostar	64458	90 W	1800 lm	3000 K
Osram Xenophot	64610	50 W	1600 lm	3300 K
Osram Xenophot	64625	100 W	3600 lm	3300 K

5.4 Lampen

Verschiedene Anwendungen im Physikunterricht erfordern Lampen mit großer Gesamthelligkeit oder aber Lampen mit hoher Intensität in einem relativ kleinen Querschnitt. Zur ersten Kategorie zählen alle Flächenstrahler wie auch die Raumbeleuchtung, hier kommt es nur auf die Leistung an. Für manche Anwendungen wie Schattenprojektion oder Beugung muss die Lichtquelle möglichst geringe Ausdehnung haben; die Leistung ist zweitrangig.

5.4.1 Photometrische Größen

Quantitative Maße für die subjektive Helligkeit sind die photometrischen Größen. Der Lichtstrom, gemessen in der Einheit lumen, ist proportional zum Energiestrom. Er ist ein Maß dafür, wie viel sichtbares Licht die Lampe emittiert. Der Leistungsdichte (Intensität) entspricht die Beleuchtungsstärke mit der Einheit lux. Wegen der Anisotropie vieler Lichtquellen werden zusätzliche Einheiten benutzt, welche die genannten Größen pro Raumwinkel angeben. Die Leuchtdichte mit der Einheit cd/mm^2 ist – grob gesprochen – ein Maß dafür, wie intensiv das Licht der Lampe ist.

5.4.2 Halogenlampen

Halogenlampen sind Glühlampen mit Wolfram-Wendel. Das Emissionsspektrum ist dem eines Schwarzen Strahlers sehr ähnlich. Gegenüber konventionellen Glühlampen ist das Licht weniger gelblich und bei gleicher Leistung heller aufgrund der höheren Betriebstemperatur. Eigentlich kann mit jeder Glühlampe halogentypisches Licht erzeugt werden, allerdings hält der Glühfaden nicht lange, weil Wolfram verdampft und als Metall am Glaskolben niederschlägt. In der Halogenlampe befindet sich Jod, welches mit dem Metall auf der Glaswand bei einigen hundert Grad Celsius zu gasförmigem Wolframjodid reagiert. An der heißen Glühwendel zerfällt das Gas wieder zu metallischem Wolfram und Jod. Es gibt verschiedene Typen von Halogenlampen für Haushaltsbeleuchtung und für Projektion, siehe Tabelle 5.1. Der Lichtstrom ist bei Projektionslampen wegen der höheren Temperatur rund doppelt so groß wie bei Haushaltslampen und die flache Wendelgeometrie ist auf seitliche Abstrahlung optimiert. Haushaltslampen haben eine niedrigere Temperatur, um eine lange Lebensdauer von bis zu 4000 Stunden zu erreichen. Die vergleichsweise kurze Lebensdauer der Projektionslampen ist mit 50 h hinreichend groß für die Anwendung im Physikunterricht. Durch die höhere Farbtemperatur von 3300 K statt 3000 K erscheinen die Projektionslampen zudem weniger funzelig im Vergleich zur üblichen Leuchtstofflampen-Beleuchtung (4000 K)

Abb. 5.6: *Vergleich zweier baugleicher Projektoren mit unterschiedlichen Glühlampen. Links: Haushalts-Halogenglühlampe, rechts Projektionslampe (Osram Xenophot). Die Umgebung zur Projektionswand dient zur Orientierung in Bezug auf die Helligkeiten.*

oder Tageslicht (6500 K). Abbildung 5.6 zeigt den Vergleich von Projektionslampe und Haushalts-Halogenlampe mit jeweils 50 W Nennleistung und 12 V Betriebsspannung. Für Haushaltsglühlampen können beliebige Gleich- oder Wechselspannungsquellen verwendet werden, sie vertragen Spannungsschwankungen von 10 % problemlos, es reicht die Genauigkeit der Skala auf dem Einstellrad. Für Projektionslampen wird eine stabile und überprüfbare Spannung von 12 V empfohlen.

5.4.3   Gasentladungslampen

Für Experimente, in denen es auf räumliche Kohärenz ankommt, ist nicht der Lichtstrom, sondern die Leuchtdichte der Lampe entscheidend, welche bei Gasentladungslampen besonders groß ist. Daten sind in Tabelle 5.2 angegeben und Abbildung 5.7 zeigt die Größe dreier Lampentypen im direkten Vergleich. Es gibt zahlreiche Typen mit spezifischen Vor- und Nachteilen. Die Kohlebogenlampe erzeugt weißes, intensives Licht mit breitbandigem Spektrum. Kohlebogenlampen sind oft in Schulen vorhanden, doch vor dem Gebrauch soll nachdrücklich gewarnt werden. In der Regel erfüllen die alten Modelle nicht die heutigen Sicherheitsanforderungen für elektrische Geräte. Ferner werden im offenen Lichtbogen Ozon und Stickstoffoxide in hoher Konzentration erzeugt. Aufgrund der hohen Leistung von typisch 500 W besteht Verbrennungsgefahr. Als Alternativen stehen Gasentladungslampen mit geschlossenem Quarzglaskolben in verschiedenen Bauarten zur Verfügung.

Xenon-Lampen für den Einbau im Auto, Typ Xenarc D2S, werden im Gehäuse mit Kondensor von Lehrmittelherstellern angeboten. Für den Betrieb wird an Stelle der Autobatterie ein Schaltnetzgerät mit mindestens 20 A Stromstärke verwendet. Die weit verbreiteten Stelltransformatoren mit Gleichspannungsausgang schaden der Lampe, weil die Betriebsspannung periodisch unterschritten wird, siehe Abbildung 1.4. Die Xenarc-Lampe emittiert ein Linienspektrum mit schwachem quasi-kontinuierlichem Untergrund. Die Farbqualität ist ausgezeichnet, da die Linien über das ganze Spek-

Tabelle 5.2: *Photometrische Daten von Gasentladungslampen und Halogenlampe, Typ Xeno-*
phot. Alle Daten von Osram.

Bezeichnung	el. Leist. W	Lichtstrom lumen	Größe mm^2	L.dichte Mcd/m^2	Farb-T K	Lebensd. h
HBO	100	1800	0,5 × 0,4	1300	n.a.	200
XBO	75	850	0,8 × 0,6	350	6000	400
Xenarc D2S	35	3200	4,2 × 1,0	90	4150	2000
Halogen	100	3600	4,2 × 2,3	30	3300	50

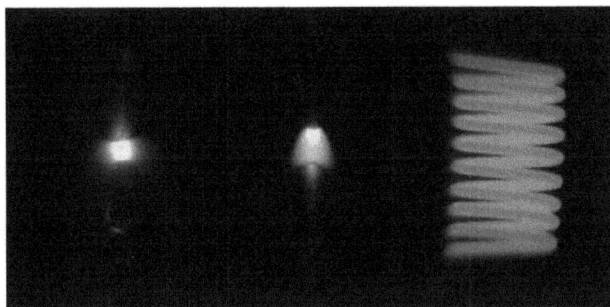

Abb. 5.7: *Größenvergleich von HBO (links), XBO (Mitte) und Halogenlampe (rechts).*

trum des sichtbaren Lichts verteilt sind. Die Farbtemperatur von 4150 K ist ähnlich
zur Leuchtstofflampe vom Typ neutralweiß. Der Entladungskanal ist in horizontaler
Richtung deutlich schmaler als eine Glühwendel mit vergleichbarem Lichtstrom.

Die Xenon-Kurzbogenlampe (XBO) [74] hat einen sehr kompakten Entladungskanal
und emittiert aufgrund des hohen Drucks des Xenon-Gases ein kontinuierliches Spektrum mit einer Farbtemperatur von 6000 K, welches dem Sonnenlicht sehr ähnlich ist.
Die Intensität ist auch im UV-Bereich sehr hoch, weil die Absorption durch atmo-
sphärisches Ozon fehlt.

Die größte Leuchtdichte wird mit der Quecksilber-Kurzbogenlampe (HBO) [74] erreicht. Der Leuchtfleck ist im Unterschied zur XBO-Lampe fast kreisförmig und nahezu homogen. Das Licht der HBO-Lampe sieht annähernd weiß aus, jedoch erscheinen
farbige Gegenstände in unnatürlichen Farben. Im sichtbaren Spektralbereich emittieren HBO-Lampen hauptsächlich bei 436 nm, 546 nm und 579 nm, d.h. der gesamte rote
Spektralbereich wird nicht abgedeckt. Die UV-Emission bei 365 nm ist sehr stark und
wird vom Kondensor (meist aus BK7-Glas) transmittiert. Intensives Licht dieser Wellenlänge kann Schäden an Haut oder Auge verursachen, daher muss beim Betrieb einer
HBO-Lampe für Beleuchtungszwecke der UV-Anteil ausgefiltert werden. Brauchbar
sind Skylightfilter für die Photographie oder Platten aus Plexiglas bzw. Makrolon; eine
einfache Glasplatte reicht nicht aus. Ein GG 420-Filter (siehe Abschnitt 5.5.1) ist vorteilhaft bei Projektionsexperimenten, weil zusätzlich die Emission bei 405 nm und damit die Fluoreszenz des Projektionsschirms unterdrückt wird. HBO-Lampen haben eine

spezifizierte Lebensdauer, die nicht überschritten werden darf: Es besteht Explosionsge-
fahr und Vergiftungsgefahr durch Quecksilberdampf. In Beamern ist ein Betriebsstun-
denzähler und eine Abschaltautomatik Standard, für manche HBO-Labornetzgeräte
leider nicht. Sehr empfehlenswert ist die Anschaffung eines Netzgerätes mit Betriebs-
stundenzähler, welches auf einen speziellen Lampentyp wie z.B. 100 W HBO optimiert
ist und ein unverwechselbares Anschlusskabel hat [74]. HBO-Lampen dürfen nur kalt
gestartet werden. Nach dem Ausschalten beträgt die minimale Wartezeit 10 Minuten.
In Beamern ist diese Zeit aufgrund der ausgefeilten aktiven Belüftung kürzer. Die La-
borlampen werden nur durch Konvektion gekühlt, und die angegebene Wartezeit muss
unbedingt eingehalten werden.

Die Anwendung von Kurzbogenlampen ist mit einigen Umständen verbunden, die bei
Halogenlampen nicht auftreten. Experimente, bei denen es auf räumliche Kohärenz
ankommt, gelingen damit erheblich schöner, vor allem bei der Projektion auf einem
Schirm. Mit einer 100 W HBO-Lampe kann man problemlos ein quadratmetergroßes
Feld kohärent beleuchten, so dass mehrere Schüler gleichzeitig die Beugungserschei-
nungen an Kanten und Spalten studieren können. Die Leuchtdichte ist bei HBO- und
XBO-Lampen weitgehend unabhängig von der Leistung und man kann bei Neuanschaf-
fung den kleinsten Typ wählen.

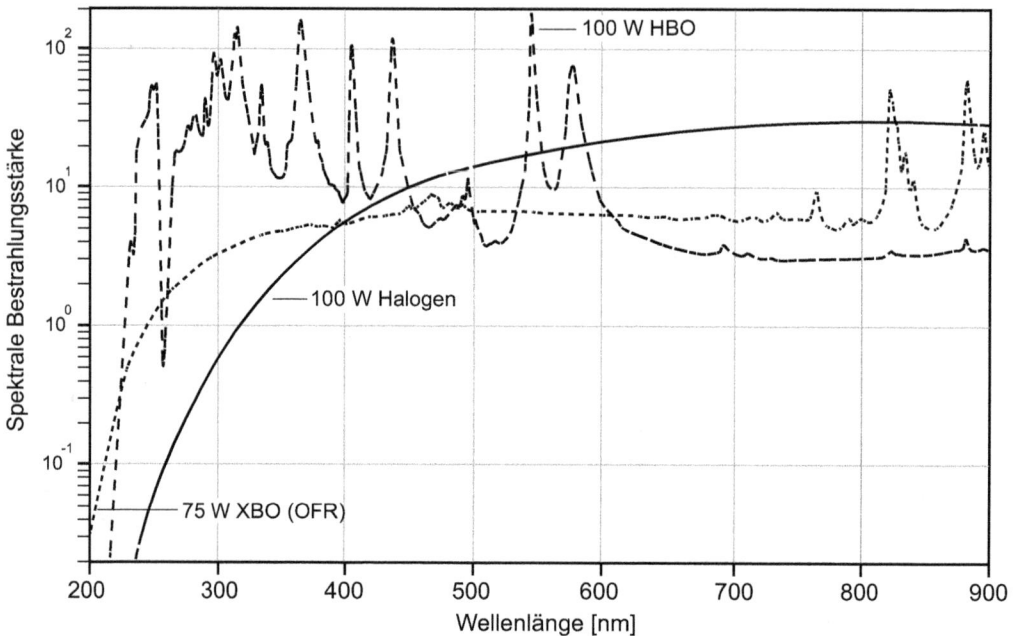

Abb. 5.8: *Spektren von Halogen- und Lichtbogenlampen (LOT-Oriel).*

5.4.4   Spektrallampen

Spektrallampen sind spezielle Gasentladungslampen mit geringem Gasdruck und groß-
em Elektrodenabstand zugunsten einer kleinen spektralen Linienbreite. Ihre Leuchtdichte ist vergleichsweise klein. Sie haben einen Pico9-Sockel und sind so konstruiert,
dass sie alle mit dem gleichen Netzgerät betrieben werden können. Eine Na-Lampe
dieser Bauart ist in Abbildung 5.9 gezeigt. Spektrallampen sind erhältlich mit den
Elementen Cs, He, Hg, Hg+Cd, K, Na, Ne, Rb, Tl und Zn. Die Quecksilberlampe
hat eine elektrische Leistung von 40 W. Da aufgrund der geringeren Reabsorption im
Quecksilbergas die UV-Emission bei 254 nm noch stärker ist als bei den HBO-Lampen,
muss man auch bei dieser Lampe Schutzmaßnahmen ergreifen. Die Gehäuse der Lehrmittelhersteller sind mangelhaft! Eine gute Lösung ist ein geschlossenes Gehäuse mit
Kondensor und optionalem UV-Einschraubfilter [113], siehe Abbildung 5.10. Die Pi-
co9 Hg-Spektrallampe darf genau wie die HBO nur kalt gestartet werden. Die Na-
Spektrallampe hingegen verträgt Zündung im heißen Zustand.

Abb. 5.9: *Natrium-Spektrallampe mit Pico9-Sockel (links), passende Fassung (rechts).*

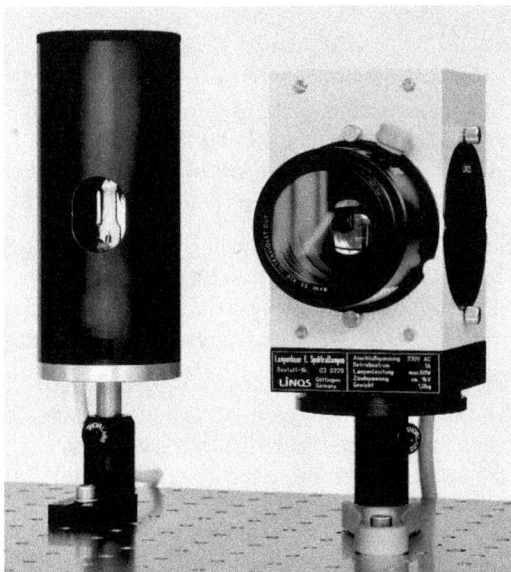

Abb. 5.10: *Spektrallampengehäuse in offener (links) und geschlossener (rechts) Bauform.*

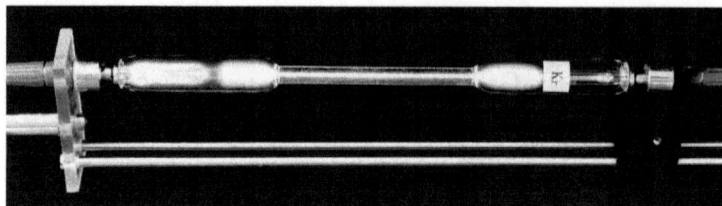

Abb. 5.11: *Geissler-Röhre mit Krypon-Füllung.*

Entladungsröhren nach Heinrich Geißler (1814–1879) haben einen fadenförmigen Entladungskanal, siehe Abbildung 5.11. Sie werden mit Hochspannung von 5 kV und niedriger Stromstärke von maximal 1 mA über einem 1 MΩ Schutzwiderstand betrieben. Geißler-Röhren sind kostengünstig und werden mit Edelgasen, Wasserstoff, N_2, CO_2, etc. hergestellt. Die Röhren kommen in verschiedenen Längen in den Handel, so dass man an Stelle eines Gehäuses mit festem Elektrodenabstand besser einen verstellbaren Halter verwendet. Ein berührungssicheres Hochspannungsnetzteil ist an Schulen in der Regel vorhanden.

Einfache spektroskopische Untersuchungen gelingen auch an der Gasflamme, die mit Metallsalzen gefärbt ist. Als Träger für Salzkörner dienen Magnesiastäbchen. Mit Nitraten wie $NaNO_3$ und KNO_3 erreicht man intensivere Flammenfärbungen als mit den üblichen Chloriden wie NaCl, KCl, etc.

5.4.5   LED

Moderne Hochleistungs-LED mit 1 W bis 5 W elektrischer Leistung sind gute Alternativen zu Glüh- und Entladungslampen, wenn farbiges Licht gewünscht ist. Weiße LED haben aufgrund des Fluoreszenzkörpers eine vergleichsweise geringe Leuchtdichte. Aufgrund der rasanten technologischen Fortentwicklung wird auf die Datenblätter der Hersteller verwiesen. Der Betrieb erfolgt mit stabilisiertem Netzgerät bei konstanter Stromstärke.

Einfache LED für Anzeigezwecke sind gewöhnlich für eine Stromstärke von 20mA ausgelegt. Ohne aktive Stromstärkeregelung braucht man einen Serienwiderstand. Im einfachen Fall vernachlässigt man den Spannungsabfall an der LED und wählt den Schutzwiderstand gemäß $R = U/I$, z.B. 330 Ω bei 6 V Betriebsspannung.

Der runde Kunststoffkörper vieler LED wirkt als Kondensorlinse, so dass bei senkrechter Aufsicht der LED-Körper homogen ausgeleuchtet ist. Möchte man die LED als Modell einer Punktlichtquelle oder zur diffusen Beleuchtung (z.B. im Lichtmischer nach [110]) benutzen, so stört die Kondensorlinse. Mit einer Säge wird die Linse abgesägt und mit einer Feile nähert man sich vorsichtig dem eingebetteten Halbleiter. Bei Bedarf wird die plane Oberfläche mit feinem Schleifpapier geschliffen und mit Polierpaste für Plexiglas poliert. Einfacher und schneller kommt man zu einer transparenten Oberfläche, wenn man die Feilenspuren mit einem scharfen Messer abhobelt. Abbildung 5.12 zeigt eine derartig präparierte LED. Die leuchtende Zone ist ringförmig mit einem Durchmesser von rund 1 mm.

Abb. 5.12: *LED mit entfernter Kondensorlinse.*

5.4.6 Laser

Laserlicht wird häufig als kohärentes Licht bezeichnet und alles andere wird davon als inkohärent unterschieden. Diese Einteilung ist auch für den Schulgebrauch zu grob. Die räumliche Kohärenz ist ein Maß für den Blickwinkel, unter dem eine Lichtquelle erscheint, oder anders formuliert, ein Maß für das kleinste erreichbare Abbild der Lichtquelle. Laserlicht (aus einem einmodigen Laser) entspricht einer punktförmigen Quelle, und die Intensitätsverteilung im Fokus eines Laserstrahls ist allein durch Beugung bestimmt. Auch thermisches Licht kann sehr hohe räumliche Kohärenz haben, z.B. Sternenlicht. Im Labor wird räumliche Kohärenz durch Lochblenden oder single mode-Fasern erreicht.

Hohe zeitliche Kohärenz entspricht einer geringen spektralen Bandbreite, das Licht ist im Grenzfall monochromatisch. Der Laser eignet sich aufgrund der hohen zeitlichen Kohärenz für Interferometer mit ungleicher Armlänge. Nicht alle Laser haben allerdings diese gewünschte Eigenschaft: Sowohl bei größeren Helium-Neon-Gaslasern als auch bei Diodenlasern oder frequenzverdoppelten Festkörperlasern (grüne Laserpointer) mit großer Leistung oszillieren mehrere longitudinale Moden des Resonators. Bei bestimmten Wegdifferenzen kann der Interferenzkontrast mit diesen multimode-Lasern recht klein werden. Es gilt die Faustregel: Mit kleiner Ausgangsleistung ist der einfrequente Betrieb leichter zu erreichen. Der beste Laser für den Unterricht ist ein polarisierter HeNe-Laser mit 0,5 mW Ausgangsleistung: Er emittiert aufgrund seiner kurzen Resonatorlänge eine einzige Wellenlänge (single longitudinal mode) und ist zudem nicht gefährlich für das Auge. Zur Physik des Lasers siehe [88].

5.4.7 Sicherheitsaspekte

Vorsichtsmaßnahmen müssen vor allem getroffen werden, wenn man mit Entladungslampen arbeitet. Deren Intensität ist vergleichbar mit der Sonne, so dass der direkte Einblick irreparable Schäden an der Netzhaut verursachen kann. Der Anteil an ultravioletter Strahlung ist für Auge und Haut gleichermaßen gefährlich. Eine gewöhnliche Glasscheibe wirkt als Langpass bei rund 350 nm; noch besser ist eine Scheibe aus Plexiglas oder Makrolon. Eine Brille mit Kunststoffgläsern bietet perfekten Schutz, aber nicht alle Schüler haben eine Brille. Es soll an dieser Stelle wiederholt werden, dass die Quecksilber-Spektrallampen, für die verschiedene ungeeignete Fassungen von Lehrmittelherstellern angeboten werden, trotz der moderaten Helligkeit im sichtbaren Bereich sehr viel Licht im UV-C bei 254 nm abgeben.

Laser werden in verschiedene Schutzklassen eingeteilt. Allein zulässig für die Schule ist die Schutzklasse 2. Laser dieser Schutzklasse sind gut sichtbar und haben mit maximal 1 mW so wenig Leistung, dass der Lidschlussreflex das Auge schützt. Manche Hersteller sparen sich die aufwändige Klassifizierung und geben vorsichtshalber eine höhere Schutzklasse an. Ein single mode HeNe-Laser mit 0,5 mW Leistung wie oben beschrieben erfüllt in jedem Fall die Anforderungen. Problematisch sind Laserpointer, da diese meist erheblich höhere Ausgangsleistung haben. Vor allem die preisgünstigeren Modelle basieren auf Laserdioden mit relativ langer Emissionswellenlänge von 650 nm oder mehr. Die geringe Empfindlichkeit des Auges wird bei diesen Modellen ausgeglichen durch eine höhere Ausgangsleistung, und das ist tückisch. Im Internet-Handel sind Laser verschiedener Bauart zu moderaten Preisen erhältlich, mit denen man nicht nur Augen, sondern auch Haut und massive Gegenstände beschädigen kann. Insofern kann man mit Schülern die Sicherheit beim Umgang mit Lasern durchaus zum Thema machen.

5.5   Filter

5.5.1   Farbgläser

Farbgläser zur Selektion bestimmter Spektralbereiche gibt es in einer Vielzahl von Typen mit ausführlicher Dokumentation vom Hersteller Schott [122] als 50 mm × 50 mm Rechtecke sowie als kreisförmige Gläser [57]. Unter dem Markennamen B+W werden Schott-Gläser für die Photographie in Einschraubfassungen und mit Anti-Reflex-Beschichtung angeboten [121], die entsprechenden Typenbezeichnungen findet man in Tabelle 5.3. Es gibt verschiedene Gruppen von Gläsern:

Langpass-Filter

Die Transmission steigt mit der Wellenlänge innerhalb eines schmalen Bereiches von 0 % auf 100 %. Die Position der ansteigenden Flanke ist in der Bezeichnung angegeben, z.B. GG 475, Gelbglas mit 50 % Transmission bei 475 nm; RG 645, Rotglas mit Flanke bei 645nm, etc. Zu dieser Gruppe zählen auch die Infrarotgläser RG 780 und RG 830.

Bandpass-Filter

Ionengefärbte Gläser zeigen spezifische Absorptionsbanden und intensive Farben. Beispiele: BG 1 (blau), VG 9 (grün), UG 5 (violett und UV), UG 1 (nahes UV).

Infrarot-Sperrfilter

Der sichtbare Bereich wird weitgehend transmittiert, der nahe Infrarotbereich wird gesperrt, die Färbung ist zart grünlich. Es gibt verschiedene Typen unterschiedlicher optischer Dichte, KG 1 bis KG 5. IR-Sperrfilter in Projektoren sind besonders widerstandsfähig gegen thermische Spannungen; die einfachen Gläser können springen.

Tabelle 5.3: *Filterbezeichnungen. Die Schott-Bezeichnung der Langpassfilter enthält die Kantenwellenlänge.*

B+W	Schott	Kodak	Funktion/Farbe
010	GG 375		Langpass transparent
415	GG 400	2 B	Langpass transparent
420	GG 420	2 A	Langpass blassgelb
021	GG 455	2 E	Langpass gelb
022	GG 495	8	Langpass gelb
023	OG 530	15	Langpass gelb
040	OG 550	16	Langpass orange
041	OG 570	22	Langpass orange
090	OG 590	25	Langpass rot
091	RG 630	29	Langpass rot
092	RG 695	89 B	Langpass IR
093	RG 830	87 C	Langpass IR
403	UG 1		Bandpass nah-UV
489	KG 3		Wärmeschutzfilter
060	GG 10	11	(gelbgrün)
061	VG 5	13	Bandpass grün
080	BG 26		(hellblau)
081	BG 23		Bandpass cyanblau

Konversionsfilter

Konversionsfilter dienen zur Verschiebung der Farbtemperatur. Diese Filter gibt es nur als Photofilter. Der Typ KB 12 absorbiert aus dem Spektrum einer Halogenlampe (Projektionslampe mit 3200 K Farbtemperatur) rötliche Anteile, so dass der Farbeindruck dem Tageslicht nahe kommt. Typ KB 15 ist etwas stärker und modifiziert den Farbeindruck von Haushalts-Halogenlampen in Richtung Tageslicht. Feinere Abstufungen (KB 3) sowie rote Filter mit umgekehrter Wirkung (KR 3 bis KR 15) sind ebenfalls erhältlich. Die Zahl in der Typenbezeichnung bedeutet das 10^5-fache der Differenz der inversen Temperaturen. Die Farbkonversionsfilter können im Astronomieunterricht zur Demonstration der Glühfarbe verschieden heißer Schwarzer Strahler verwendet werden. Bei Erhöhung der Temperatur eines Schwarzen Strahlers wird die Glühfarbe bläulicher. Es existiert ein Grenzwert für unendlich hohe Temperatur. Der entsprechende Farbeindruck wird realisiert durch Tageslicht mit KB 15-Filter.

5.5.2   Farbfolien

Für Schülerexperimente sind Kunststofffolien eine gute Wahl, weil sie verschenkt werden können. Es gibt einen Satz von sechs aufeinander abgestimmten Folien für die subtraktive und additive Farbmischung des Herstellers Rosco [117]. Die technischen Daten sind in Tabelle 5.4 zusammengefasst, sie wurden mit einem OceanWave 4000 Spektrometer für Tageslichtbedingungen (D65) bestimmt. Der Farbton wird durch dominante Wellenlänge λ_{dom} und Sättigung ϵ angegeben: Jeder Farbton kann gedacht werden als

Tabelle 5.4: Abgestimmte Farbfolien für Schülerexperimente, Roscolux (Typnummer) Cal-Color 90 (Farbbezeichnung). Die Farbkoordinaten x, y, z sind als Grundlage für weitere Berechnungen angegeben. Der negative Wert der dominanten Wellenlänge für die Magenta-Folie bedeutet die dominante Wellenlänge der Komplementärfarbe. Man beachte die gute Passung zur grünen Folie.

Farbton	Typ	λ_{dom}	ϵ	x	y	z
cyan (C)	4390	491 nm	0,38	0,2097	0,3209	0,4693
magenta (M)	4790	−546 nm	0,62	0,3274	0,1744	0,4982
yellow (Y)	4590	571 nm	0,76	0,4167	0,4977	0,0856
red	4690	603 nm	0,68	0,5365	0,3512	0,1123
Y+M		599 nm	0,80	0,5591	0,3693	0,0715
green	4490	548 nm	0,65	0,2955	0,5755	0,1290
C+Y		542 nm	0,56	0,2735	0,5605	0,1661
blue	4290	463 nm	0,77	0,1800	0,1038	0,7162
M+C		462 nm	0,69	0,1950	0,1239	0,6811

additive Mischung einer weißen und einer monochromatischen Lichtquelle. Die dominante Wellenlänge bezeichnet die entsprechende Spektralfarbe, während die Sättigung deren relativen Anteil angibt. Die Kombinationen jeweils zweier Folien in Grundfarben der subtraktiven Mischung sind sehr ähnlich zur Folie der dazugehörigen Mischfarbe. Die dominanten Wellenlängen der rot/grün/blau-Folien sind nahe am sRGB-Standard der digitalen Farbgraphik [89]. Die subtraktive Überlagerung von Komplementärfarben oder von drei Grundfarben ergibt in Durchsicht kein Schwarz, aber die Resttransmission ist zumindest am Overheadprojektor kaum wahrnehmbar.

5.5.3 Dichroitische Filter

Dichroitische Spiegel bestehen aus einem Glassubstrat mit einem Stapel dielektrischer Schichten. Die Reflektivität des Spiegels ist über einen gewissen Spektralbereich, der durch die Details der Schichtenfolge bestimmt ist, sehr hoch. Das Spektrum des transmittierten Lichts ist komplementär zum Spektrum des reflektierten Lichts, da nichts absorbiert wird. Je nach spektraler Breite und Lage innerhalb des sichtbaren Bereichs lassen sich Kurzpassfilter, Langpassfilter oder Bandpassfilter realisieren. Der spektrale Übergang von Transmission zu Reflexion ist sehr schmal.

Das Transmissionsspektrum eines dichroitischen Filters wird bei Drehung um eine Achse in der Schichtebene in den kurzwelligen Bereich verschoben. Diesen Effekt kann man ausnutzen, um den scharfen Übergang von Transmission und Reflexion in der Wellenlänge abzustimmen; ein Anwendungsbeispiel wird in Abschnitt 9.2.7 gegeben.

Für Experimente zur Farbmischung sind dichroitische Filter den Filtergläsern mit Ionenfärbung bei weitem überlegen: Man strebt eine hohe Farbsättigung bei möglichst großer Helligkeit an; dazu ist ein einzelnes Transmissionsband mit möglichst scharfen Übergängen notwendig [123], das mit dichroitischen Schichten gut realisiert werden kann. Wegen dieser Eigenschaft finden dichroitische Spiegel viele technische Anwen-

dungen und sind mit aufeinander abgestimmten Spektralbereichen kommerziell erhältlich [113, 139].

Transmissionsspektren von dichroitischen Filtern der additiven Grundfarben rot, grün
und blau sind in Abbildung 5.13 gezeigt. Man erkennt, wie das sichtbare Spektrum in
disjunkte Gebiete aufgeteilt wird. In Abbildung 5.14 werden Spektren von Farbgläsern
mit einem dichroitischen Filter verglichen. Bei hoher Konzentration der färbenden Io-
nen (VG 9) ist die maximale Transmission verringert; bei geringerer Konzentration
(VG 5 = B+W 061) wird zu viel Licht im blauen und im roten Spektralbereich transmittiert, welches die Farbsättigung herabsetzt. Man kann diesen Anteil zusammen mit
einem entsprechenden Grünanteil als weißen Hintergrund denken. Für blaue Filter ergibt sich ein ähnliches Bild. Gelbe und rote Langpass-Filter wie z.B. GG 495 und RG
630 hingegen sind aufgrund der scharfen Absorptionskante in Transmission genauso
gut wie dichroitische Filter.

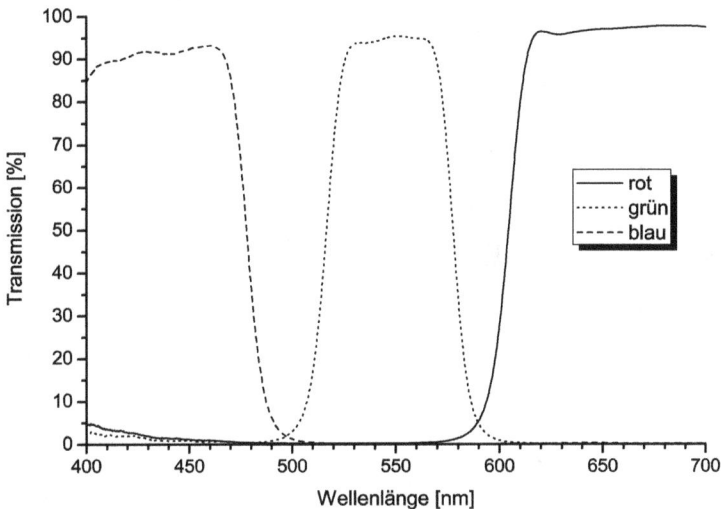

Abb. 5.13: *Transmissionsspektren von dichroitischen Farbfiltern, Linos G384082036,
G384081036 und G384080036.*

5.5.4   Interferenzfilter

Die gewöhnlichen dichroitischen Filter haben im Reflexionsspektrum scharfe Kanten, aber breite Banden. Für manche Anwendungen, z.B. die Auswahl bestimmter
Übergänge bei Spektrallampen, werden sehr schmale Transmissionbereiche gebraucht.
Die Interferenzfilter (im engeren Sinne) bestehen aus einer Kombination von Farbfiltern, dichroitischen Schichten und Metallschichten. Je schmaler der Transmissionsbe-
reich ist, desto geringer ist die Transmission im Maximum; sie kann schlechter als 0,1
sein und selten besser als 0,5. Das Transmissionsspektrum von Interferenzfiltern wird
bei Drehung um eine Achse in Schichtebene zu kleineren Wellenlängen verschoben.

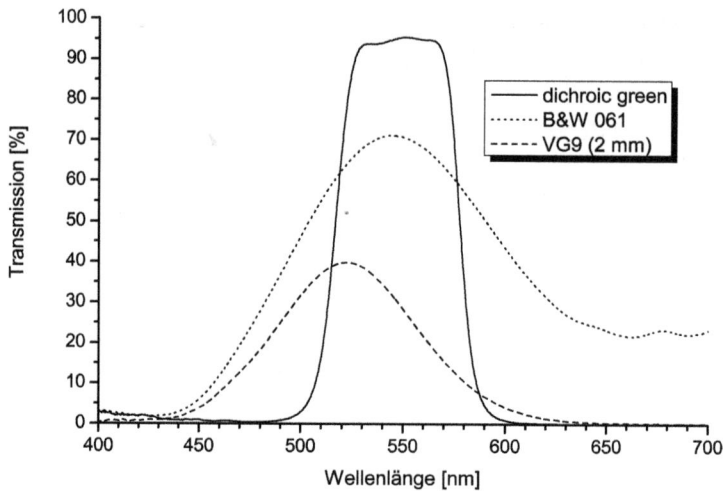

Abb. 5.14: *Transmissionsspektren von Grünfiltern.*

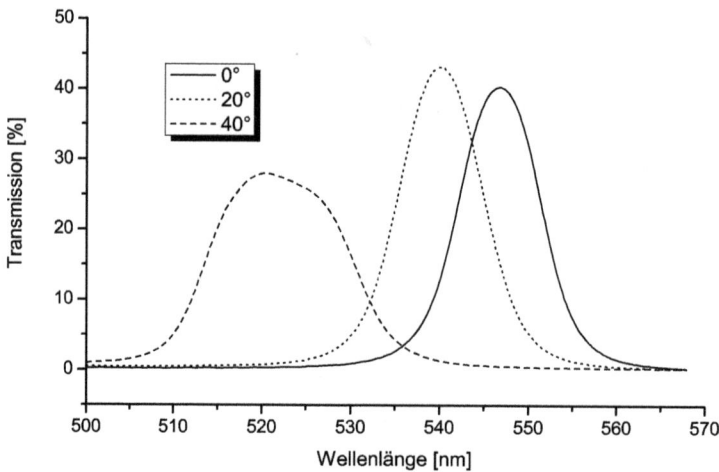

Abb. 5.15: *Transmissionsspektrum eines Interferenzfilters. Das Maximum der Transmission wird durch Drehen zu kürzerer Wellenlänge verschoben.*

5.6   Mattglas

Zur gezielten Streuung von Licht verwendet man Mattglas, in Freihandexperimenten oder für Bastelprojekte auch in Form von Transparentpapier. Letzteres ist immer unzulänglich, weil es stark absorbiert. Effiziente Lichtstreuung ist ein Standardproblem der Bühnentechnik mit einer entsprechenden Vielfalt von Lösungen. Die Filterfolie Typ 410 *Opal Frost* des Herstellers Lee [71] ist der rauh geschliffenen Glasscheibe sehr ähnlich und bestens geeignet für Mattscheiben bei Kameramodellen.

5.7 Polarisationsoptik

5.7.1 Polarisationsfolie

Polarisationsfolie gibt es als Meterware, z.B. [7]. Die graue Farbe der Polarisationsfolie ist auffällig, und leicht wird die Tönung mit der Polarisation in Verbindung gebracht. Zur Unterscheidung dient eine neutralgraue Folie mit 50 % Transmission (Photofolie mit 1 Blende Dämpfung), z.B. Typ Rosco E-Colour # 209 0.3ND [117]. Zwei übereinandergelegte Folien diesen Typs geben unabhängig von der Orientierung eine dunklere Tönung, während die Polarisationsfolien in Kombination zwischen der hellen Tönung und schwarz variieren, siehe Abbildung 5.16.

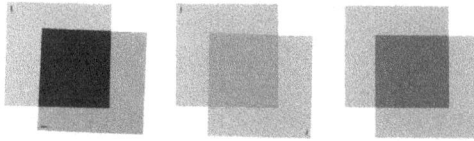

Abb. 5.16: *Polarisationsfolien (links: gekreuzt, Mitte: parallel) und Graufolien (rechts) im Vergleich.*

5.7.2 Polarisierende Strahlteiler

Polarisationsfolien absorbieren die Hälfte des einfallenden unpolarisierten Lichts. Polarisierende Strahlteiler bestehen aus dielektrisch beschichteten Prismen, die zu einem Würfel verkittet sind. Horizontal polarisiertes Licht wird transmittiert, während vertikal polarisiertes Licht rechtwinklig reflektiert wird; die Aufteilung erfolgt verlustfrei.

5.7.3 Verzögerungsplatten

Verzögerungsplatten sind doppelbrechende Elemente, die abhängig von der Orientierung der optischen Achse linear polarisiertes Licht in elliptisch oder zirkular polarisiertes Licht transformieren ($\lambda/4$-Platte) bzw. die Ebene der linearen Polarisation drehen ($\lambda/2$-Platte). Verzögerungsplatten werden für Präzisionsanwendungen aus Quarzkristallen, für einfache Anwendungen aus Folie hergestellt. Im Unterschied zur Polarisationsfolie sind Verzögerungsplatten transparent. Da die Doppelbrechung der Dispersion unterliegt, ist die Wirkung von Verzögerungsplatten nur über einen mehr oder weniger ausgedehnten Spektralbereich die gewünschte.

Aus Folie werden hauptsächlich $\lambda/4$-Platten hergestellt; ggf. kann man sich eine $\lambda/2$-Platte aus zwei in gleicher Orientierung übereinandergelegten Folien selbst herstellen.

5.7.4 Photographische Polarisationsfilter

In Anbetracht der hohen Preise für gefasste Polarisatoren aus Glas scheinen Filter für photographische Anwendungen attraktiv. Allerdings sind viele Filter keine einfachen

Polarisationsfilter, sondern bestehen aus einer Kombination aus Polarisationsfolie und objektivseitiger Verzögerungsplatte, damit Belichtungs- und Fokusautomatik – welche polarisationssensitive Komponenten enthalten können – keine Fehlmessungen ergeben. Man erkennt dies, wenn in die Durchsicht davon abhängt, welche Fläche dem Auge zugewandt ist.

5.7.5 Optisch aktive Materialien

Von den doppelbrechenden Materialien zu unterscheiden sind die optisch aktiven Substanzen (welche durchaus zugleich doppelbrechend sein können). Schulübliche Beispiele sind der Quarzkristall mit der Orientierung der Hauptsymmetrieachse parallel zur optischen Achse sowie die Saccharose-Lösung. Polierte Quarzkristalle mit genauen spezifizierten Abmessungen gibt es z.B. bei [139].

Optische Aktivität kann in paramagnetischen Dielektrika durch ein äußeres Magnetfeld induziert werden (Faraday-Effekt). Zur Demonstration dieses sehr schwachen Effekts muss man auf spezielle Substanzen zurückgreifen, z.B. Terbium-Gallium-Granat, TGG.

5.7.6 Brillengläser

Das menschliche Auge ist in geringem Maße für Polarisation empfindlich. Bei Betrachtung einer homogen beleuchteten Fläche im polarisierten Licht sieht man das sogenannte Haidinger-Büschel [42], siehe Abbildung 5.17.

Problematisch ist die Beobachtung des Haidinger-Büschels für Brillenträger, denn die üblichen Brillengläser aus Kunststoff verändern den Polarisationszustand des Lichts massiv, und zwar abhängig von der Stelle im Glas. In Abbildung 5.18 steht ein Brillenglas hinter einem Polarisator in 45°-Stellung; der Analysator ist parallel bzw. senkrecht dazu.

5.8 Prismen

Prismen werden in verschiedenen Glassorten und Spitzenwinkeln hergestellt [30, 113, 139]. Standard ist Kronglas (z.B. BK7) und ein Ablenkwinkel von 60°. In Abbildung 5.19 wird deutlich gemacht, dass man mit speziellen Gläsern eine erheblich höhere Dispersion erreicht als mit dem Standardmaterial.

Neben den einfachen Prismen gibt es Geradsichtprismen, die aus drei miteinander verkitteten Prismen aus unterschiedlichen Gläsern bestehen. Für eine bestimmte Wellenlänge, meist 589 nm, verschwindet der Ablenkwinkel, so dass ein linearer Aufbau möglich ist. Die Dispersion von Geradsichtprismen ist vergleichbar mit der Dispersion eines 60° SF10-Prismas.

Abb. 5.17: *Skizze des Haidinger-Büschels. Es erscheint bei Betrachtung einer homogenen Fläche im linear polarisierten Licht unter einem Sehwinkel von 2°...4°, je nach Beobachter mit variierenden Farbtönen. Die blaue Doppelkeule ist parallel zum elektrischen Feldstärkevektor.*

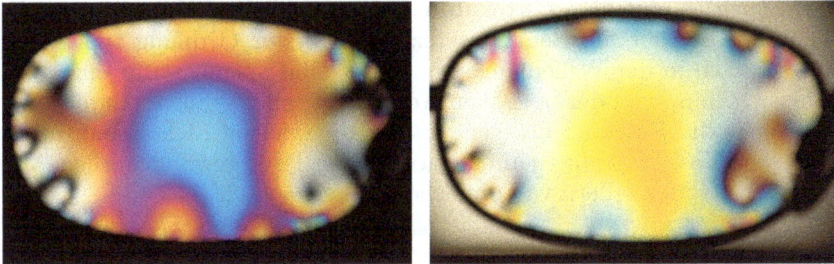

Abb. 5.18: *Räumlich inhomogene Änderung des Polarisationszustandes durch Brillengläser aus Kunststoff. Ohne Polarisationsänderung wäre links Dunkelheit, rechts Helligkeit zu sehen.*

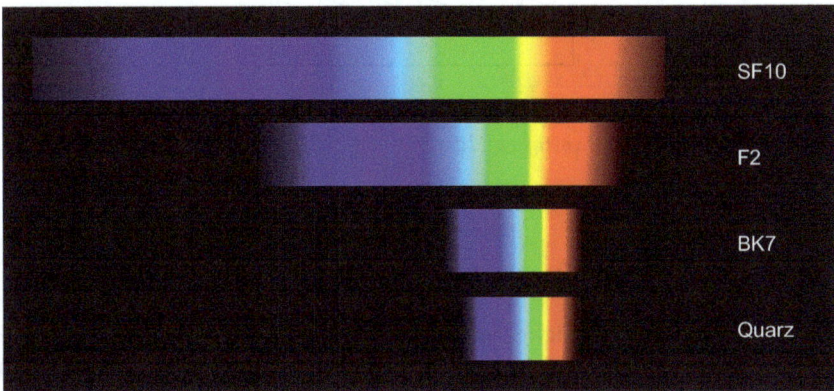

Abb. 5.19: *Spektren mit 60°-Prismen aus verschiedenen Gläsern.*

5.9   Beugungsgitter

Beugungsgitter haben gegenüber Prismen bedeutende Vorteile: Die Abbildungsfehler außerhalb der optischen Achse sind kleiner, Spektren haben eine lineare Wellenlängenskala, die Dispersion ist frei wählbar und die Herstellung großer Flächen ist relativ einfach. In der professionellen Spektroskopie werden daher fast ausschließlich Gitter verwendet. Einfache Transmissionsgitter, wie sie in Schulsammlungen vorhanden sind, haben den großen Nachteil einer geringen Beugungseffizienz. Die nullte Ordnung ist sehr stark, und die beiden ersten Ordnungen sind symmetrisch. Daher sind die Spektren bei vergleichbarer Dispersion erheblich lichtschwächer als die Spektren von Prismen. Ferner ist der Ablenkwinkel bei Gittern mit kleiner Gitterkonstante unbequem groß.

Reflexionsgitter vereinigen die Vorteile von Transmissionsgittern und Prismen. Durch Drehen des Gitters kann die Richtung des gebeugten Lichtbündels ziemlich frei gewählt werden, und man erhält einen kompakten Aufbau. Die scharfe Abbildung des Spalts kann mit der nullten Beugungsordnung näherungsweise[1] eingestellt werden. Durch das *blaze* ist die Reflexion unsymmetrisch für die erste Beugungsordnung optimiert. Die Beugungsrichtung ist auf dem Gitter durch einen Pfeil bezeichnet. In der Nähe der Blazewellenlänge beträgt die Beugungseffizienz in erster Ordnung typisch 70 % und nimmt nur schwach in der Wellenlänge ab. Gitter sind optimiert für eine Stellung, in der die nullte Ordnung auf der optischen Achse liegt, aber größere Abweichungen sind unproblematisch; die Richtung des gebeugten dispergierten Lichts kann in der Regel nach praktischen Gesichtspunkten auf dem optischen Tisch gewählt werden. Man erhält Reflexionsgitter bei Herstellern von optischen Bauelementen [113, 139].

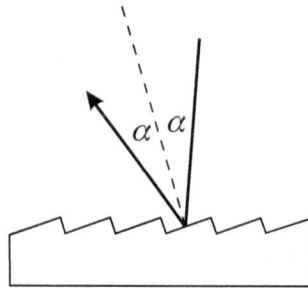

Abb. 5.20: *Prinzip des Reflexionsgitters mit blaze: Beugungs- und Reflexionsbedingung sind für die blaze-Wellenlänge gleichzeitig erfüllt.*

5.10   Flüssigkeiten mit höherer Brechzahl

Gelegentlich braucht man Flüssigkeiten mit unterschiedlichem Brechungsindex, z.B. zur Modellierung einer Fata Morgana. Die in der Literatur empfohlene Salz-Lösung kann nicht aus Haushaltssalz hergestellt werden, da es mit diversen unlöslichen Zusatzstoffen

[1]Diese Näherung gilt streng nur für einen unendlichen optischen Abstand von Gitter und Spalt, wie in Abschnitt 9.2.24 weiter ausgeführt ist.

versehen ist und keine klare Lösung bildet. Natriumchlorid aus der Chemie-Sammlung würde funktionieren, aber es ist ziemlich teuer. Eine günstige Alternative ist Salz für Geschirrspülmaschinen.

Mit Lösungen von gewöhnlichem Zucker erreicht man größere Brechungsindices als mit Kochsalzlösung und auch die Dispersion ist merklich größer. Die Löslichkeit von Zucker ist sehr hoch, aber der Lösungsvorgang muss aufgrund der hohen Viskosität durch ständiges Rühren mit dem Magnetrührer unterstützt werden. Zuckerlösung verdirbt leicht.

Der Brechungsindex von Leinöl ist mit $n_D = 1{,}48$ nahe dem Brechungsindex von Glas (z.B. BK7, $n_D = 1{,}52$); man kann darin Glasteile verschwinden lassen. Leinöl [68] trocknet innerhalb von Tagen zu einem äußerst widerstandsfähigem Film, so dass man Glasgeräte direkt nach Verwendung reinigen muss. Papier- oder Stofflappen, die mit Leinöl getränkt sind, müssen angefeuchtet werden und in einem Beutel entsorgt werden, da sie sich während der Trocknung an Luft selbst entzünden können.

5.11   Trübungsmittel

Trübes Wasser wird als Modell für die Entstehung der blauen Farbe des Himmels verwendet. Entscheidend für den Erfolg ist die Größe der Streuzentren, die weit unterhalb der Lichtwellenlänge liegen muss. Größere Streuzentren vermindern die Blaufärbung bei Betrachtung eines schwarzen Hintergrund durch die seitlich aufgehellte Trübe.

In der angelsächsischen Literatur wird oft *fat free milk* vorgeschlagen, was mit Magermilch oder fettarmer Milch falsch übersetzt wird. Für den Versuch geeignet ist Milch, aus der die Fetttropfen vollständig entfernt wurden, und diese Sorte ist in Deutschland nicht im Handel. Es wird grundsätzlich von der Verwendung von Milch abgeraten.

Sehr gut geeignet ist das Trübungsmittel der Pädagogischen Forschungsstelle Kassel [107]. Eine gleichwertige Alternative ist Syton, eine alkalische Suspension von SiO_2-Nanopartikeln, die als Poliermittel und als Klärungsmittel für Fruchtsaft in den Handel kommt. Es gibt Sorten mit und ohne Zusatz von gesundheitsschädlichem Formaldehyd, das ist vor einer Bestellung zu klären. Die Sorte Syton X30 [68] ist formaldehydfrei und somit unbedenklich. Syton ist alkalisch und verklebt bei der Trocknung an Luft zu einer unlöslichen Masse.

Ein Trübungsmittel mit dynamischer Zunahme der Partikelgröße ist eine Mischung aus Natrium-Thiosulfat in Wasser (2 %) mit 1 %iger Salzsäure. Der Effekt ist spektakulär, aber die Mischung stinkt und sollte direkt nach dem Versuch entsorgt werden, ansonsten schlägt sich zu viel Schwefel auf dem Glas nieder und ist von dort schlecht zu entfernen.

5.12   Reinigung von Optiken

Glaslinsen und Prismen vertragen die Reinigung mit Wasser, Seifenwasser und Lösungsmitteln. Optiken mit dielektrischer Beschichtung (Entspiegelung), z.B. Objektive und Okulare sind empfindlich gegen Kratzer. Zunächst entferne man den oberflächlichen

Staub mit fließendem Wasser oder einem nassen, weichen Tuch. Danach wird ein Stück Linsenputzpapier oder Mikrofasertuch (Brillentuch) mit Isopropanol getränkt und die Glasoberfläche damit abgewischt. Schlieren können durch leichtes Anhauchen und Abwischen mit einem trockenen Linsenputzpapier entfernt werden. Planoptiken lassen sich schlierenfrei reinigen, indem man das Linsenputzpapier auflegt, mit Isopropanol betropft und das Tuch radial abzieht. Das Lösungsmittel Isopropanol wird auch in Forschungslabors mit Erfolg verwendet; Aceton oder Methanol bringen keine Vorteile. Beugungsgitter können nicht gereinigt werden, da sie bei jeglicher Berührung sofort verkratzen. Für Teleskopspiegel wird ein anderes Verfahren empfohlen. Normalerweise befindet sich nur Staub, aber keine Fingerabdrücke o.ä. auf dem Spiegel. Zunächst wird der lose Staub mit fließendem Leitungswasser abgespült, dann wird mit demineralisiertem Wasser nachgespült. Fest sitzender Dreck wird bei nasser Oberfläche mit Watte entfernt, schließlich wird der Spiegel mit frischer Watte abgetrocknet.

5.13   Astronomisches Teleskop

Mit jedem technisch einwandfreien Teleskop kann man besondere Beobachtungen machen und jahrelang Freude haben. Amateurastronomen sagen: Jedes Instrument hat seinen Himmel. Eine kompakte Einführung in Technik und Methoden des astronomischen Teleskops ist [134].

Für die Schule sind Spiegel-Teleskope in Newton-Bauart mit Dobson-Montierung besonders empfehlenswert, weil sie bei sehr geringen Anschaffungskosten sowohl für lichtschwache Objekte wie Gasnebel als auch für Planeten geeignet sind. Das Dobson-Konzept verzichtet auf eine Ausrichtung der Montierung auf die Rotationsachse der Erde. Das Teleskop wird – ohne jegliche mechanische Hilfe – per Hand dem Sternenhimmel nachgeführt. Dobson-Montierungen sind bei geringem Gewicht äußerst stabil. Die hohen Kosten für eine solide parallaktische Fernrohrmontierung mit Nachführmechanik fallen nicht an. Die Nachführung per Hand lässt den Beobachter die Drehung des Nachthimmels unmittelbar erleben. Die Entwicklung von Dobson-Teleskopen durch Amateure hat einen sehr hohen Stand erreicht, was auch dem Angebot kommerzieller Geräte zugute kommt. Ein einfaches Dobson-Teleskop mit 200 mm Primärspiegeldurchmesser und 1200 mm Brennweite ist in Abbildung 5.21 gezeigt. Mit einem solchen Instrument kann man viel Freude an der astronomischen Beobachtung gewinnen. Möglicherweise stört man sich nach einer Weile an diversen mechanischen Unzulänglichkeiten. Dann braucht man ein Instrument, welches auf hohe Stabilität und nicht auf niedrigen Preis optimiert ist, z.B. eine Gitterrohrkonstruktion nach David Kriege [69, 104].

Die Winkelauflösung bei der Beobachtung astronomischer Objekte ist durch Beugung begrenzt, sofern nicht Abbildungsfehler die Auflösung herabsetzen. Die visuelle Helligkeit astronomischer Objekte steigt mit der Fläche der Optik. Spiegelteleskope sind gegenüber Linsenteleskopen aufgrund der fehlenden chromatischen Aberration viel günstiger mit großen Durchmessern zu bauen. Bei gleichem Durchmesser sind gute Linsenteleskope den Spiegelteleskopen zwar überlegen, weil kein Fangspiegel die Auflösung herabsetzt. Für einen gegebenen Geldbetrag bekommt man jedoch ein Spiegelteleskop, welches so viel größer ist, dass der geringe Nachteil mehr als ausgeglichen wird; die größere Bildhelligkeit kommt gratis hinzu. Nachteile von Spiegelteleskopen sind die

Abb. 5.21: *Teleskop mit Dobson-Montierung: 200 mm Spiegeldurchmesser, 1200 mm Brennweite (f/6), Masse 20 kg.*

Beschränkung der optimalen Bildschärfe auf einen kleinen Winkelbereich, der aber bei visueller Beobachtung nicht relevant ist, sowie die Empfindlichkeit gegenüber thermischen Schwankungen. Der Spiegel muss die Temperatur der umgebenden Luft angenommen haben, sonst gibt es aufgrund von Konvektion im Tubus und Deformation der Spiegeloberfläche kein klares Bild.

Praktisches Sonderzubehör ist ein Sucherfernrohr mit senkrechtem Einblick oder ein Telrad sowie 2 – 3 hochwertige Okulare mit moderatem Bildfeld und großer Einblickdistanz. Man bedenke bei der Kalkulation der Gesamtanschaffung, dass die Bildvergrößerung gerade bei kurzer Okularbrennweite hauptsächlich durch das Okular erfolgt. Die große Einblickdistanz (eye relief) ist viel wichtiger als ein großes Bildfeld, vor allem für Ungeübte. Leider gibt es keine Norm, welche die Auflagekante des Okulars in Bezug auf die Fokalebene festlegen würde.

Als Faustregel für die Brennweiten eines Okularsatzes kann man festhalten: 1. Okular mit hoher Vergrößerung für Planeten- und Mondbeobachtung, Brennweite 0,7 bis 1mal inverse Öffnungzahl in mm, z.B. 6 mm bei f/6; 2. Okular mit doppelter Brennweite zum ersten Okular; 3. Okular für Übersichten mit vier- bis sechsfacher Öffnungzahl als Brennweite in mm, in diesem Beispiel also rund 30 mm. Längere Brennweiten haben eine Austrittspupille, die größer ist als die Pupille des menschlichen Auges, so dass Licht am Auge vorbei geht. Ambitionierte Amateure können die angegebenen Grenzen noch etwas dehnen, aber die Anwendung der Extrembrennweiten ist mit Unbequemlichkeiten verbunden.

Als weiterer Nachteil des Spiegel-Teleskops wird oft genannt die notwendige Justage der Spiegel zueinander, vor allem beim Newton-Typ. Ein fabrikneues Newton-Teleskop ist ohne Justage durch den Beobachter nicht sinnvoll zu verwenden. Allerdings sind entgegen anders lautenden Behauptungen auch Linsenfernrohre nicht immer optimal justiert [45], wenn sie unter Bedingungen hergestellt wurden, unter denen beeindruckende Daten für die Öffnung und Qualität der Linsenmaterialien mit einem relativ geringen Preis verbunden sind. Die Justiermöglichkeiten beim Newton-Teleskop erweisen sich so als Vorteil. In der Literatur und im Internet findet man zahlreiche Anleitungen. Im Fachhandel [99] werden Justierlaser angeboten, mit denen Haupt- und Fangspiegel mit wenigen Handgriffen justiert werden können, indem ein geschlossener Weg des Laserstrahls hergestellt wird. Das Ergebnis ist brauchbar. Es soll betont werden, dass die Grobjustage mit dem Laser sowie das thermische Gleichgewicht des Teleskops mit der Umgebungsluft die entscheidenden Schritte sind für beeindruckende Beobachtungen, alles weitere ist Perfektion.

Die Methode der Laserjustage geht vom Okularauszug aus; sie setzt voraus, dass der Fangspiegel mittig im Tubus angebracht ist und sein Mittelpunkt mit der optischen Achse im Okularauszug zusammenfällt. Bei einfachen Geräten ist das nicht unbedingt der Fall;[2] dieser Fehler beeinträchtigt die korrekte Anwendung des Justierlasers, wie mit der Abbildung 5.22 begründet wird. Entgegen der vielen Anleitungen im Internet justieren wir zuerst den Hauptspiegel, und zwar aus folgenden Gründen:

- Die Einstellung der optischen Achse auf das Zentrum der Fangspiegelfassung erfolgt unabhängig von der – möglicherweise fehlerhaften – Lage des Fangspiegels, so können sich keine Fehler fortpflanzen.

- Die Einstellgenauigkeit ist größer als beim Fangspiegel, da der Abstand Hauptspiegel–Fangspiegel größer ist als der Abstand Okularfassung–Fangspiegel.

- Die Einstellung am Hauptspiegel ist feiner möglich als am Fangspiegel.

Anstelle der punktuellen Reflexion des Lasers betrachten wir die Reflexion des gesamten Hauptspiegels beim Einblick in den Tubus. Das Teleskop wird horizontal gegen eine helle Wand oder gegen den Tageshimmel gerichtet. Der Beobachter blickt aus einigen Metern Abstand auf den Hauptspiegel und bringt durch seitliches Bewegen des Kopfes die Halterung des Fangspiegels in Übereinstimmung mit dessen Spiegelbild, siehe Abbildung 5.23. Die Achse Auge–Fangspiegel–Hauptspiegel steht dann senkrecht auf dem Hauptspiegel. In der Regel ist das Spiegelbild nicht symmetrisch um den Fangspiegel angeordnet, da die Blickachse nicht das Zentrum des Spiegels trifft. Die Justierschrauben werden nun so verstellt, dass der leuchtende Ring symmetrisch wird. Am besten lässt man sich helfen, sonst muss man den Weg vom Beobachtungsort zum Spiegel ziemlich oft gehen. Wenn man mit dem Auge exakt im Brennpunkt ist, erscheint die Spiegelfläche einheitlich dunkelgrau, was die Beurteilung der Symmetrie noch vereinfacht. Ein Lichtreflex auf der Hornhaut des Auges kann zur homogenen Ausleuchtung des Spiegels verwendet werden, aber diese Einstellung ist schwierig zu finden. Die Unsicherheit der Hauptspiegeljustage ist etwa eine Viertel Umdrehung einer M6-Justierschraube bei einem 200 mm Spiegel, was einer Winkelabweichung von 6 Bogenminuten entspricht. Der

---

[2]Bei hochwertigen Geräten mit großer Öffnung ist der Spiegel absichtlich auf der Achse des Okularauszugs nach hinten verschoben. Für kompakte Teleskope wie 200 mm Durchmesser, 1200 mm Brennweite ist die Position in der Achse korrekt.

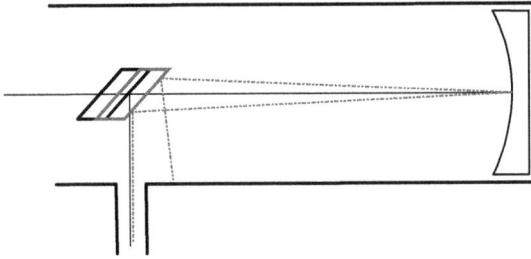

Abb. 5.22: *Einfluss der Verschiebung des Fangspiegels in Achsenrichtung. Der Strahlengang für den zum Hauptspiegel hin verschobenen Fangspiegel (grau) ist gestrichelt eingezeichnet. Das Lichtbündel des Justierlasers liegt auf den Strahlen. Bei korrekter 45°-Stellung des Fangspiegels ist der optische Weg nicht geschlossen und das Zentrum des Hauptspiegels wird nicht erreicht. Durch Neigen des Fangspiegels wird die blaue Achse und damit der Leuchtfleck des Lasers auf das Zentrum des Hauptspiegels gelegt, aber der optische Weg ist nach wie vor nicht geschlossen. Das Schließen des optischen Weges gemäß Anleitung bewirkt eine unzulässige Neigung des Hauptspiegels von der Geräteachse weg.*

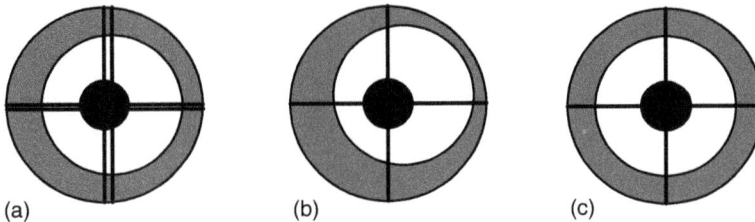

(a)   (b)   (c)

Abb. 5.23: *Justage des Hauptspiegels eines Newton-Teleskops. Beim Blick in das Teleskop sieht man den Fangspiegelhalter und sein Spiegelbild (a). Der Betrachter wählt seine Beobachtungsposition so, dass die Streben mit ihren Bildern zusammen fallen (b). Der Hauptspiegel wird geneigt, bis das Spiegelbild symmetrisch um den Fangspiegel erscheint (c). Das Spiegelbild ist nicht homogen weiß wie dargestellt, sondern es enthält Auge und Gesicht des Beobachters. Man kann die sichtbaren Strukturen verwischen, wenn man sich in zweifacher Brennweite des Spiegels positioniert, das ist die Verschwimmweite.*

Fangspiegel wird im Anschluss an die Hauptspiegeljustage so eingestellt, dass der Mittelpunkt der im Spiegelbild erscheinenden Öffnung des Okularauszugs beim zentralen Einblick in den Okularauszug (ohne Okular) mit dem Schnittpunkt der Fangspiegelstreben zusammenfällt, siehe Abbildung 5.24. Hier kann man die Genauigkeit mit einer rotationssymmetrischen Blende erhöhen, die in den Okularauszug gesteckt wird.

Am Sternenbild wird bei maximaler Vergrößerung die korrekte Justage bestätigt: Extrafokal und intrafokal erscheint die Fangspiegelfassung als dunkler Schatten genau im Zentrum der leuchtenden Scheibe, wenn der Stern im Zentrum des Bildfeldes liegt.

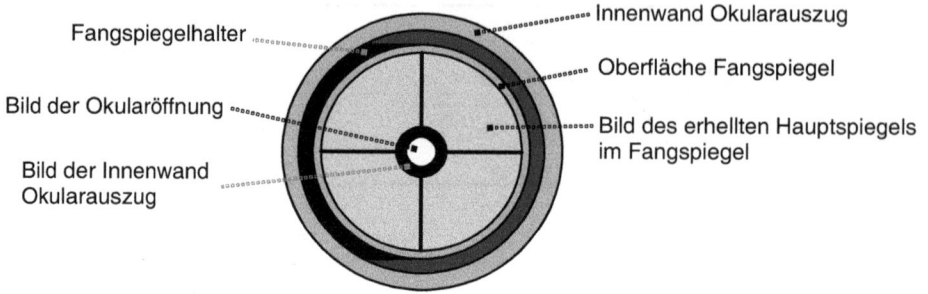

Fangspiegelhalter

Innenwand Okularauszug

Bild der Okularöffnung

Oberfläche Fangspiegel

Bild der Innenwand
Okularauszug

Bild des erhellten Hauptspiegels
im Fangspiegel

Abb. 5.24: *Blick in den Okularauszug bei justiertem Haupt- und Fangspiegel. Das Auge des Betrachters erscheint zentral an Stelle des hellen Kreises, weil es vor der Öffnung des Okularauszugs ist. Es kommt auf die Position des zentralen Kreises an, der durch die Fanspiegelhalterung genau geteilt werden muss, dann ist die optische Achse im Zentrum des Okularauszugs. Eine leichte Abweichung der Lage des Fangspiegels ist nicht schädlich.*

6 Handwerk

Gelegentlich sind kleine Reparaturen oder Bastelarbeiten auszuführen. In diesem Kapitel sind einige Hinweise gegeben, wie man häufige Schwierigkeiten mit geringem Aufwand umgeht. Historisch Interessierte mögen sich mit dem *Handfertigkeitspraktikum* von Wehnelt [151] ein Bild davon machen, auf welch hohem Stand das Handwerk bei Physikern vor 90 Jahren war.

Die eingestreuten Sicherheitshinweise sind keineswegs übertrieben. Verletzungen beim Basteln passieren leicht mit ungeeigneten Werkzeugen, unzureichender Halterung und der Einstellung, mal eben schnell was machen zu wollen.

6.1 Schrauben

Manche Geräte, wie z.B. Digitalvoltmeter, müssen zum Wechsel von Batterien oder Sicherungen aufgeschraubt werden. Meistens werden Schrauben mit Kreuzschlitz verwendet, die sich das Gewinde im Plastik-Gehäuse selbst schneiden. Diese Schrauben lassen sich relativ schwer lösen; man rutscht leicht ab und beschädigt den Schlitz, was dann das Lösen weiter erschwert. Leider sind solche Schrauben praktisch nicht zu ersetzen. Mit dem richtigen Werkzeug kann man Schrauben immer wieder ohne Beschädigung lösen und festdrehen. Ein vollständiger Satz guter Schraubendreher mit gehärteten Klingen kostet im Fachhandel rund 50 Euro, im Baumarkt das Doppelte. Soviel Geld muss der Sammlungsleiter für die Neuanschaffung schon investieren, wenn er sich das Problem abgegniedelter Schrauben vom Hals schaffen will. „Alte Gurken" wegwerfen, sonst werden die aus Gewohnheit weiter benutzt! Kreuzschlitz-Schraubendreher gibt es mit den Bezeichnungen PH und PZ. Der achteckige PZ-Kopf ist nur für Schrauben, die die zusätzlichen Schlitze haben, z.B. Spanplatten-Schrauben (SPAX), siehe Abbildung 6.1. Die gebräuchlichen Größen sind 3, 2, 1, 0 und 00, wobei man eher auf 3 als auf 00 verzichten kann. Man wähle den Schraubendreher immer so groß, dass er gerade noch bis zum Grund des Schlitzes eintaucht.

6.2 Bohren

Beim Bohren muss das Werkstück fest eingespannt werden. Schon bei kleinem Lochdurchmesser kann ein sich festklemmender Bohrer ein Drehmoment übertragen, das sich nicht mehr halten lässt, zumal das Festklemmen unerwartet passiert. Umherdrehende Werkstücke verursachen Schnitt- und Schlagverletzungen an den Händen. Abbildung 6.2 zeigt eine Standbohrmaschine mit Bohrmaschinenschraubstock.

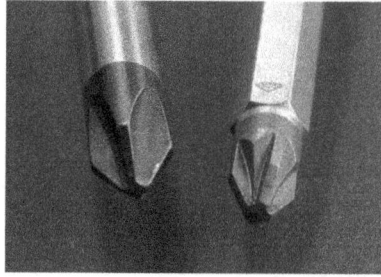

Abb. 6.1: *Schraubendreher Typ PH2 für einfache Kreuzschlitz-Schrauben und PZ2 für Spanplatten-Schrauben (SPAX).*

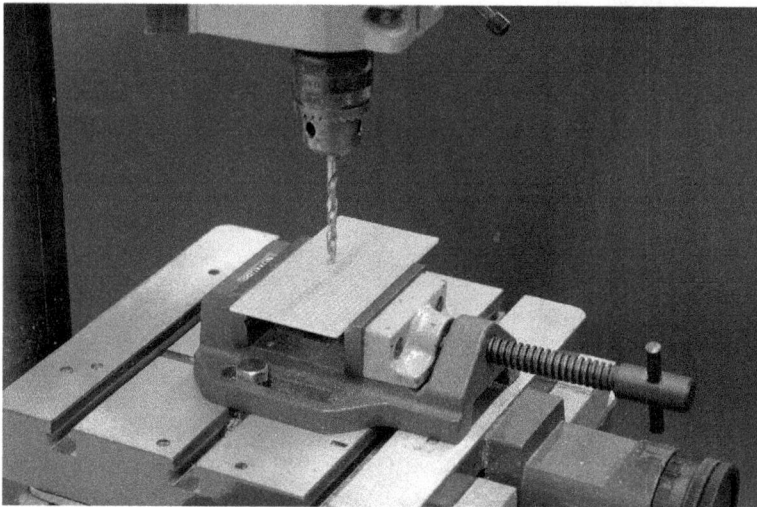

Abb. 6.2: *Verwendung des Bohrmaschinenschraubstocks beim Bohren von Kleinteilen.*

6.3   Werkzeugpflege

Werkzeugstahl rostet, weil die Legierungsbestandteile auf Härte und Zähigkeit abgestimmt sind, nicht auf Rostfreiheit. In feuchter Umgebung sollte Werkzeug regelmäßig eingeölt werden. Mineralöl stinkt und ist schlecht für die Haut. Besser ist Ballistol®, ein Öl auf pflanzlicher Basis.

6.4   Styropor

Styropor® (Polystyrolschaum) ist für viele Anwendungen praktisch, nicht nur als Wärmeisolator. Es lässt sich gut bearbeiten und hat eine sehr geringe Dichte, so kann man beispielsweise verschiedene Tragflächenformen herausschneiden. Aufgrund der guten elektrischen Isolationsfähigkeit kann man Styroporplatten für Elektrostatik-Versuche verwenden, z.B. unter einer Holzplatte für eine Person, die vom Bandgenerator aufgeladen wird. Styroporklötzchen eignen sich als Verbinder für Kleinteile, die man einfach hineinsteckt, beispielsweise ein Filzschreiber senkrecht zu einer Metallfeder (Sägeblatt) im Modell eines Telegraphen, wie in Abbildung 6.3 gezeigt. Mit dem

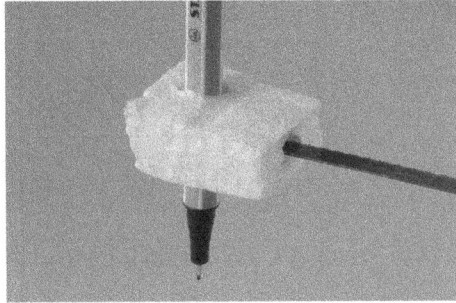

Abb. 6.3: *Styroporklotz als Verbinder von Stift und Sägeblatt, die beide ohne Klebstoff o.ä. hineingesteckt wurden.*

Messer kann man Styropor zwar schneiden, aber es erzeugt unangenehme Späne, die sich elektrostatisch aufladen und hartnäckig an der Kleidung haften. Besser ist das Schneiden mit einem heißen Draht, der in einen Laubsägenhalter eingespannt ist, siehe Abbildung 6.4. Eines der beiden Drahtenden wird mit Papier isoliert. Mit einem 13 cm langen NiCr-Draht von 0,3 mm Durchmesser erhält man bei 4 V und 1,3 A eine sinnvolle Drahttemperatur. Die Leistungsdichte von 40 W/m kann als Ausgangspunkt für andere Geometrien genommen werden. An Stelle von NiCr ist auch Konstantan geeignet, welches ebenfalls mechanisch stabil ist und bei erhöhter Temperatur nicht oxidiert. Professionelle Styroporschneider gibt es als Hand- oder Tischgerät im Bastelversand [105]. Zum Kleben von Styropor braucht man einen speziellen Kleber wie UHU® por, weil Alleskleber Lösungsmittel enthalten, die den Werkstoff zerstören. Styrodur® für Gebäudeisolation im Erdreich hat kleinere Poren als das gewöhnliche Styropor und ist damit für feine Arbeiten noch besser geeignet.

6.5 Holzbearbeitung

Holz ist der bevorzugte Werkstoff für Bastelarbeiten, da es sich leicht bearbeiten lässt, preisgünstig und dauerhaft ist. Rechteckige Stücke kann man durch Sägen per Hand herstellen. Metallsägen mit feiner Zahnung ergeben allerdings sehr unbefriedigende Ergebnisse. Die japanische Holzsäge (Kataba oder Ryoba) schneidet auf Zug und ermöglicht tiefe Schnitte in freier Hand oder in einer Sägelade. Die Schnittfläche ist viel glatter als bei einer konventionellen Säge. Für die Bearbeitung per Hand ist Massivholz besser geeignet als Plattenmaterial.

Verbindungen werden besser mit Holzleim als mit Schrauben ausgeführt, da Schrauben die Fasern quetschen und die Verbindung bei Feuchteänderung locker werden kann.

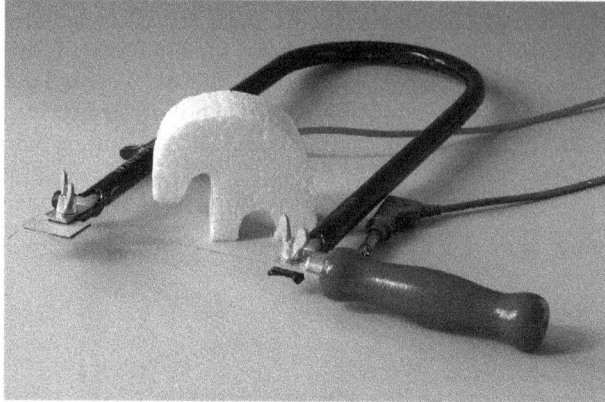

Abb. 6.4: Heizdraht im Laubsägehalter als Schneidwerkzeug für Styropor; Werkstück.

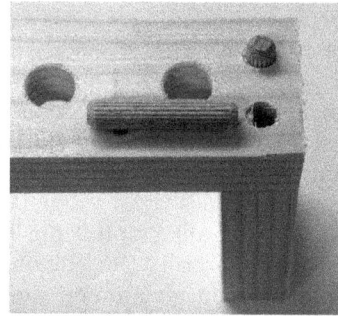

Abb. 6.5: Links: Absägen mit japanischer Säge in Sägelade, welche mit einem Stück Leder gegen Verrutschen gesichert ist. Rechts: Zwei Holzstücke wurden stumpf verleimt. Nach dem Aushärten werden zwei Löcher gebohrt und Dübel werden mit Leim eingesetzt.

Hohe Stabilität erreicht man mit Holzdübeln. Abbildung 6.5 zeigt die Herstellung eines Halters für Kleinteile auf Stativstangen.

Zur lösbaren Verbindung von Holzteilen mit Stativstangen und anderen Metallgegenständen nimmt man metrische Gewindeschrauben und Muttern. Für ein metrisches Gewindeloch dreht man eine Rampa-Muffe ins Holz. Das herausstehende Gewinde wird mit der Stockschraube realisiert. Diese speziellen Verbindungselemente gibt es im Schraubenfachhandel und im Versand.

Grundlegende Techniken der Holzbearbeitung findet man in [58]. In jeder größeren Stadt gibt es ein traditionsorientiertes Werkzeuggeschäft, in dem man japanische Sägen und andere Handwerkszeuge erheblich preiswerter als im Baumarkt und in verlässlicher Qualität bekommt; ansonsten wird man bei [27] fündig.

6.6   Glasröhren biegen

Für Chemiker ist das Zuschneiden und Biegen von Glasröhren eine triviale Angelegenheit, für Physiker anscheinend ein unüberwindbares Hindernis, wie die scharfkantigen Trümmer in vielen Sammlungen nahelegen (Abbildung 6.6). Die folgende Kurzanleitung ersetzt nicht das praktische Üben.

1. Glasröhren werden zum Ablängen mit einem Röhrenschneider mit Hartmetallrad, einem Ampullenmesser mit Diamantbeschichtung [98, 115] oder einem Diamantschreiber angeritzt und per Hand gebrochen. Schutzhandschuhe sind vorschriftsmäßig und für Anfänger auch sinnvoll.

2. Beide Bruchkanten werden rundgeschmolzen. Dazu wird die Röhre in eine Gasflamme (Lötlampe oder Bunsenbrenner) gehalten und beständig gedreht. Nahe der Schmelztemperatur färbt sich die Flamme leuchtend gelb aufgrund des Natrium-Gehalts des Glases. Das Rundschmelzen kann man unmittelbar beobachten.

3. Zum Biegen einer Röhre wird diese an der Biegestelle unter beständiger Rotation in der Flamme erhitzt, bis das Biegen per Hand leicht möglich ist. Der Querschnitt des Rohres verformt sich elliptisch. Für einen Glasbläser ist das schlechtes Handwerk, wir sind damit zufrieden, denn es funktioniert.

4. Kapillaren stellt man selbst her, indem man einen Bereich erwärmt und dann beide Enden auseinanderzieht. Vorsicht: Die dünnwandigen Splitter einer zerbrochenen Kapillare können tief in die Haut eindringen und sind nur schwer entfernbar.

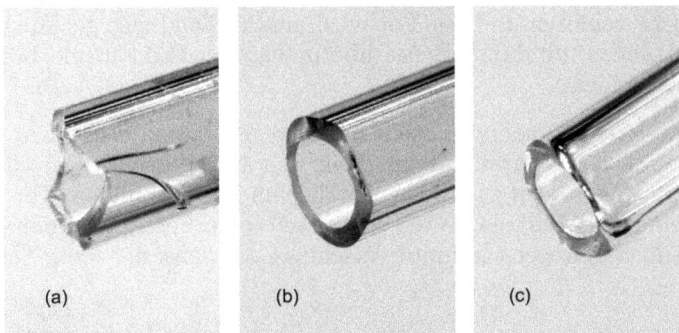

Abb. 6.6: *Glasrohrenden ⌀ 6 mm. (a) zersplittert, (b) gerade abgebrochen, (c) abgeschmolzen.*

Glasröhren gleiten leichter in Korköffnungen, wenn sie angefeuchtet werden, noch leichter mit Glycerin. Im Übrigen soll erwähnt werden, dass professionelle Glasbläser Einzelaufträge zu moderaten Preisen ausführen, und zwar auch in Duran und Quarzglas [132]. Sonderanfertigungen kosten kaum mehr als Standardteile, Reparaturen erfolgen schneller und günstiger als die Neubeschaffung im Lehrmittelvertrieb.

Abb. 6.7: Abschmelzen gebrochener Glasrohrenden in der Gasflamme.

6.7   Löten

Das Löten ist die Verbindung von zwei Metallstücken mit einem flüssigen Metall anderer Zusammensetzung und niedrigerem Schmelzpunkt. Hier wird ausschließlich das Weichlöten von Kupferdrähten für elektronische Anwendungen behandelt. Das Lot besteht traditionell aus einer niedrig schmelzenden Blei-Zinn-Legierung mit einem Schmelzpunkt um $190\,°C$. Bleifreie Lote sind möglich und für industrielle Anwendungen seit einigen Jahren vorgeschrieben; aufgrund des dann notwendigen Silbergehalts sind sie teurer und haben einen höheren Schmelzpunkt um $220\,°C$. Die Festigkeit einer Lötstelle entsteht durch Legierung des Lots mit der Oberfläche der Werkstücke. Dazu muss die Temperatur des Werkstücks deutlich über dem Schmelzpunkt des Lots liegen und das Werkstück darf nicht mit einer Oxidschicht überzogen sein. Die Erwärmung geschieht durch einen elektrisch beheizten Lötkolben. Das drahtförmige Lot enthält ein sog. Flussmittel, welches die Oxidation von Werkstück und Lot verzögert und die Benetzung verbessert. Es kann keine Wunder bewirken. Der Lötkolben wird vor jeder Verbindung zuerst in einem nassen Schwamm abgestrichen, dann wird der Lötkolben an die Werkstücke gehalten und das Lot wird anschließend zugegeben. Vorheriges Benetzen des Lötkolbens mit Lot brächte übermäßig viel Oxid in die Lötstelle und ist unbedingt zu vermeiden.

Für komplizierte Verbindungen, die sich schlecht als Ganzes erwärmen lassen, sollten die Einzelteile zunächst separat mit flüssigem Lot überzogen werden; danach werden die Teile in Kontakt gebracht und mit zusätzlichem Lot verbunden. Vor allem Kupferkabel, die aus feinen Einzellitzen bestehen, müssen so vorbereitet werden. Elektronische Bauteile haben in der Regel verzinnte Anschlüsse, so dass der erste Schritt entfallen kann.

Halbleiterbauelemente können durch zu hohe Temperatur leicht zerstört werden. Im Zweifelsfall lässt man die Anschlüsse ziemlich lang, dann besteht ein genügender Temperaturunterschied zwischen dem Bauteil und der Lötstelle. Ein zu leistungsstarker und zu heißer Lötkolben ist ebenso schädlich wie ein Lötkolben, dessen Temperatur und Wärmekapazität zu gering ist, um die Anschlussdrähte schnell über Schmelztemperatur des Lotes zu bringen. Langes Kokeln lässt die Wärme in unerwünscht entfernte Bereiche – den eigentlichen Halbleiter – fließen, bevor der Lötvorgang beendet ist. Eine gute Lötstelle zeichnet sich durch eine gleichmäßig glänzende, durch Oberflächenspannung geformte Oberfläche aus, siehe Abbildung 6.8.

Abb. 6.8: *Korrekte Lötstelle einer LED auf Platine. Der linke Anschluss wurde bereits mit dem Seitenschneider gekürzt. Das Lot ist gut geflossen; es hat durch Oberflächenspannung eine leicht konkave Oberfläche bekommen, die aufgrund schneller Abkühlung ihren Glanz behalten hat.*

Bei Reparaturen muss zuerst das alte Lot mit einer Saugpumpe entfernt werden. Reste des Lots sowie alte Elektronikbauteile sind wegen des Bleigehalts als Sondermüll zu entsorgen. Einen gut beleuchteten Arbeitsplatz mit Absauganlage, Abfallbehälter und Handwerkszeug zeigt Abbildung 6.9.

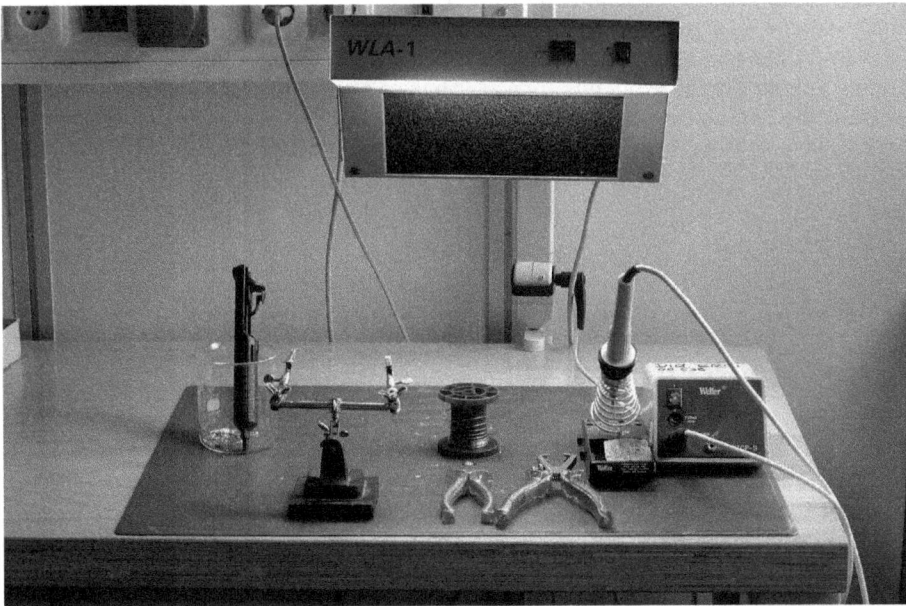

Abb. 6.9: *Arbeitsplatz zum Löten.*

6.8   Chemikalien und Hilfsmittel

Einige der hier aufgeführten Chemikalien und Hilfsmittel sind in Physiksammlungen üblich oder praktisch. Grundsätzlich gilt, dass alle Stoffe in dichten Behältern mit korrekter Beschriftung in einem für Schüler unzugänglichen Schrank aufbewahrt werden müssen. Es gelten die KMK-Richtlinien zur Sicherheit im Unterricht [65].

Feuerzeugbenzin

ist ein gutes Lösungmittel für Öl, Fett und Kleberückstände von Etiketten. Wegen des Gehalts an aromatischen Lösungsmitteln ist es giftig und greift die Haut an. Besser geeignet ist *Shellsol T* [68], ein reines Isododekan, welches von allen Lösungsmitteln für die Ölmalerei am wenigsten giftig ist. Die Entfettung der Haut ist ähnlich wie bei Benzin, so dass Handschuhe angebracht sind. Bei kurzer Exposition reicht Latex.

Aromatische Lösungsmittel

wie Benzol, Toluol und Xylol sind giftig und krebserregend, wobei das Gefährdungspotential beim Benzol am höchsten ist. Benzin von der Autotankstelle enthält einen nennenswerten Anteil von Aromaten. Etwaige Restbestände der Sammlung müssen fachgerecht entsorgt werden.

Spiritus

wird im Haushalt als Lösungsmittel benutzt. Spiritus ist Ethanol mit einem Zusatz, der das Gemisch ungenießbar macht. Im Physikunterricht verwendet man Spiritus für Experimente zur Wärmeausdehnung, zur Verdampfungskühlung und ggf. als Brennstoff. Reines Ethanol hat die gleichen Eigenschaften und stinkt nicht, der Preis für sammlungsübliche Mengen ist nur unwesentlich höher. Technisches oder medizinisches Ethanol ist normalerweise 96 %ig mit 4 % Wasser, dies ist das azeotrope Gemisch, aus dem kein weiteres Wasser durch Destillieren entfernt werden kann.

Methanol

hat ähnliche Eigenschaften wie Ethanol, aber einen höheren Dampfdruck, unangenehmen Geruch und besseres Lösungsvermögen für Whiteboard-Stifte. Methanol ist giftig und kann fast immer durch Ethanol ersetzt werden.

Isopropanol

ist ebenfalls ein Alkohol mit ähnlichen Eigenschaften wie Ethanol. Der Dampfdruck ist kleiner, die Löslichkeit von Fett höher. Isopropanol ist ein sehr gutes Universallösungsmittel sowohl für hydrophile als auch hydrophobe Verunreinigungen und ist die erste Wahl, bevor man andere Stoffe probiert.

Aceton

kommt im Haushalt als traditioneller Nagellackentferner vor. Es greift viele Kunststoffe an und sollte schon deshalb nicht benutzt werden. In der Physiksammlung ist keine Anwendung bekannt, in der man nicht mit Isopropanol und Shellsol T auskommen würde.

Diethylether

(Äther) zeigt den stärksten Effekt bei der Verdampfungskühlung. Die narkotisierende Wirkung ist problematisch, der Gestank unerträglich. Diethyether kann in Gegenwart von Sauerstoff explosive Zerfallsprodukte bilden und ist extrem feuergefährlich. Alternativen sind Ethanol, Aceton und Methanol, mit aufsteigender Wirksamkeit und Giftigkeit.

Chlorierte Kohlenwasserstoffe

wie Tetrachlormethan, Trichlorethylen und Freon waren in den 1970-80er Jahren wegen der Unbrennbarkeit beliebte Lösungsmittel. Seit langem sind diese Stoffe wegen der enormen Gefährdung von Umwelt und Gesundheit nicht mehr üblich und vielfach auch verboten. Restbestände müssen unbedingt fachgerecht entsorgt werden.

Glycerin

hilft, Glasröhren durch Korken zu stecken.

Speiseöl

wird manchmal für Konvektionsexperimente vorgeschlagen. Das ist Unfug, denn Konvektion kann man gut mit Wasser zeigen.

Schwefelsäure

wird als Elektrolyt für den Bleiakkumulator gebraucht, und zwar mit einer Konzentration von 38 % in Wasser. Konzentrierte Schwefelsäure ist die übliche Handelsform. Die Verdünnung darf nur durch langsames Einrühren in Wasser geschehen, da sehr viel Hydratisierungswärme frei wird. Die Chemiker sagen: *Erst das Wasser, dann die Säure, sonst geschieht das Ungeheure.* Schwefelsäure frisst Löcher in die Kleindung, ätzt die Haut und zerstört die Augen schon nach kurzer Exposition. Eine Schutzbrille oder ein Gesichtsschutz sind unabdingbar, säurefeste Handschuhe sehr empfehlenswert. Vor dem Hantieren mit Schwefelsäure muss eine Augendusche installiert und überprüft sein.

Essigsäure

dient zur Entkalkung von Glasgeräten, aber der Geruch ist sehr störend. Hohe Konzentration bringt nichts, weil dann die Eigenschaften als organisches Lösungsmittel dominieren.

Zitronensäure

ist ein in Wasser leicht lösliches Pulver, welches im Haushalt und in der Physiksammlung zur Entkalkung von Glasgeräten, Wasserkochern, Laborextraktoren ($\equiv$ Espressomaschinen), etc. optimal geeignet ist. Das harmlose Aussehen und der fehlende Geruch sollten nicht darüber hinwegtäuschen, dass es sich um eine Säure handelt. Längere Exposition reizt die Haut beträchtlich.

Natronlauge und Kalilauge

kommen gelegentlich als Elektrolyt für NiCd-Zellen vor, sowie ggf. in Rezepten zur Glasversilberung. Das Gefährdungspotential (einschließlich Hydrationswärme!) ist ähnlich zur Schwefelsäure, daher sind Schutzbrille und funktionierende Augendusche Pflicht.

Gundel-Putz®

ist eine Metallpolitur, fein genug für Musikinstrumente, aber sehr wirksam auch zur Aufarbeitung von angelaufenen Metallkontakten [47].

Ballistol®

ist ein viskoses Pflegeöl für Werkzeuge aller Art. Es basiert auf Pflanzenölen und ist unschädlich für die Haut, wenngleich fettend und riechend.

WD-40®

ist ein sehr wirksames Kriechöl, welches bereits 1956 entwickelt wurde, einer Zeit, in der viele Giftstoffe noch gar nicht erfunden waren. Entsprechend warnt das Sicherheitsblatt nur vor den Minimalgefahren der Kohlenwasserstoffe. Es ist wasserabweisend, rosthemmend und reibungsvermindernd, somit die erste Wahl für bewegliche Metallteile.

Wärmeleitpaste

ist Silikonöl mit einem Zusatz von Aluminiumoxid, einem der besten Wärmeleiter unter den elektrischen Isolatoren. Verunreinigungen sind extrem hartnäckig. Man kann ihnen mit Isopropanol beikommen, wenn man gut reibt und den Lappen öfter wechselt.

6.9   Photographie

Photographien von Experimenten oder Unterrichtssituationen sind sinnvolle Ergänzungen von Seminar- und Konferenzvorträgen sowie in Unterrichtsentwürfen. Digitale Nachbearbeitung ist immer der zeitintensivste Teil bei der Erzeugung eines Bildes und bei groben Fehlern helfen auch ausgefeilte Algorithmen nicht. Das ist wie mit jeder Kosmetik. Die Verwendung eines Stativs erlaubt nicht nur die Verwendung von relativ schwachem, diffusem Licht, sondern begünstigt auch die bewusste Wahl der Perspektive.

6.9.1   Beleuchtung

Eine sachgerechte Ausleuchtung ist Voraussetzung für ein aussagekräftiges Bild; alle anderen technischen Details sind sekundär. Mit dem eingebauten Blitzlicht kann man zwar ohne zusätzlichen Aufwand aus der Hand photographieren, aber das Ergebnis wird immer unbefriedigend sein. Für jede ordentliche Aufnahme braucht man eine diffuse Grundbeleuchtung. Seitliches Tageslicht von einem Fenster verursacht einen Helligkeitsgradienten im Bild und erzeugt störende seitliche Schatten. Besser ist frontales Tageslicht; dabei muss man aufpassen, dass man mit der Kamera keine Schatten wirft. Wenn sich damit kein gutes Ergebnis erreichen lässt, muss man auf Kunstlicht von der Decke ausweichen. Die üblichen Leuchtstofflampen in Schulräumen sind gut geeignet. Je nach Form des Objektes kann man eine Reihe quer zur optischen Achse hinter der Kamera wählen, oder zwei Reihen links und rechts von der optischen Achse oder man wählt eine Position direkt unterhalb einer Lampe. In manchen Situationen, vor allem bei schwarzen Objekten, steigt der Bildkontrast durch Punktlampen. Strahler sind zwar effizient, aber die inhomogene Ausleuchtung größerer Flächen wirkt sehr störend. Besser sind Glühlampen ohne Schirm. Zur passiven Aufhellung bei seitlichem Tageslicht eignet sich eine Dialeinwand. Für die Ausleuchtung kleinerer Teile nimmt man Styroporblöcke, die sich sehr leicht positionieren lassen.

Abbildung 6.10 zeigt die Anordnung zur Photographie der in Abbildung 6.11 gezeigten Skulptur. Die Hohlkehle aus grauer Pappe bildet den homogenen Hintergrund. Der Styroporklotz dient zur seitlichen Aufhellung.

Abb. 6.10: *Improvisiertes Photostudio mit Hohlkehle aus Karton 300 g/m^2 und Aufheller aus Styropor.*

6.9.2   Perspektive

Für technische Aufnahmen darf der Bildwinkel nicht zu groß sein. Die meisten Kompaktkameras stellen sich beim Einschalten auf den größten Bildwinkel ein, so dass man mit dem Zoom die Brennweite verlängern muss. Stürzende Linien werden parallel, wenn die Kamera exakt horizontal ausgerichtet ist. Man kann das Objekt in eine Ecke des Bildes legen und die Datei nachträglich zuschneiden [2]. Abbildung 6.12 zeigt den Unterschied zwischen einer spontanen Aufnahme und einer bewussten Wahl von Beleuchtung, Perspektive und Hintergrund. Der Zeitaufwand ist nicht größer als fünf Minuten.

6.9.3   Kameraeinstellungen

Kompaktkameras haben Objektive mit kleiner Brennweite und Öffnung, daher ist die Schärfentiefe in der Regel auch im Automatikmodus hinreichend groß. Bei digitalen Spiegelreflexkameras (SLR) stellt man hinreichende Schärfentiefe durch Abblenden sicher. Bei sehr kleinen Blenden wie f/22 macht sich ggf. die Beugung störend bemerkbar, so dass man vorsichtshalber mehrere Aufnahmen mit verschiedenen Blenden macht und die endgültige Entscheidung erst am Bildschirm trifft.

Abb. 6.11: *Aufnahme einer Skulptur im seitlichen Tageslicht sowie mit Aufhellung des Schattens durch einen Styroporblock (rechts). Die Eule ist ein Geschenk der Universität Plzeň.*

Abb. 6.12: *Spontane und bewusst gestaltete Aufnahme eines einfachen Aufbaus.*

Die Empfindlichkeit des CCD wird auf den niedrigsten ISO-Wert eingestellt. Dann kann man Unterbelichtungen leichter ausgleichen. Überbelichtungen führen zur Sättigung des CCD und stellen einen irreparablen Bildfehler dar. Leider passieren Überbelichtungen im Automatik-Modus auch bei hochwertigen Kameras ziemlich leicht. Der Weißabgleich erfolgt meist automatisch und braucht nur bei besonderen Beleuchtungsbedingungen manuell eingestellt zu werden.

6.9.4   Datenkompression

Noch vor wenigen Jahren war die Kapazität von Speicherchips so gering, dass viele Kameras in der Standardeinstellung die Dateien unter starken Qualitätseinbußen komprimierten. Die irreduzible Datenmenge ist rund 1 Byte pro Bildpunkt; ein JPEG mit 100 kByte von einem 6-Megapixel-Chip kann keine guten Resultate liefern. Bei normalen Motiven fällt das nicht so sehr auf, aber bei kritischen Anwendungen wie Aufnahmen von Sternen, Interferenzmustern, Spektren oder kontrastarmen Objekten stören Überstrukturen durch den Kompressionsalgorithmus erheblich. Daher ist eine Speicherung ohne Kompression, z.B. als TIFF, besser. Viele Kamerahersteller haben zudem ein Rohformat, welches besonders auf die firmeneigene Software abgestimmt ist und stets die besten Resultate liefert, weil Weißabgleich und Belichtungsstufe nachträglich verändert werden können.

6.9.5   Videoaufnahmen

Viele digitale Spiegelreflexkameras (SLR) haben eine spezielle Funktion, mit der man Kurzfilme aufnehmen kann. Momentan kommen viele neue Modelle, auch mit Wechselobjektiven, auf dem Markt, so dass die Neuanschaffung einer reinen Videokamera obsolet erscheint.

7 Mechanik und Hydrodynamik

7.1 Messgeräte

7.1.1 Maßstäbe

Längenmessung im Physikunterricht ist meist unkritisch, aber es gibt Anwendungen wie die Bestimmung der Erdbeschleunigung aus der Fallzeit, in denen genaue Werte notwendig sind. Plastik- und Holzlineale haben eine relative Genauigkeit von $3 \cdot 10^{-3}$, gute Stahllineale sind selten eine Größenordnung besser. Will man Zehntel-Millimeter auf der Meter-Skala messen, so muss man auf spezielle Messinstrumente zurückgreifen und ggf. der Universitätswerkstatt oder einem anderen Fachbetrieb einen Besuch abstatten. Für größere Entfernungen ist ein Laser-Entfernungsmessgerät empfehlenswert, mit dem man millimetergenau Strecken bis zu 100 m bestimmen kann.

7.1.2 Uhren

Für genaue Zeitmessungen verwendet man elektronische Uhren, die ein TTL-Signal zur Bestimmung des Start- und Stopzeitpunktes auswerten. Ältere Messwerterfassungssysteme für Schulanwendungen gaukeln mitunter eine Genauigkeit vor, die nicht belastbar ist; bei empfindlichen Messungen wie Fallzeiten zur Bestimmung der Erdbeschleunigung muss eine unregelmäßige Zeitachse als Fehlerquelle mit einbezogen werden. Die Überprüfung des Systems kann mit einem Funktionsgenerator erfolgen. Bei modernen Messwerterfassungssystemen kann man an Stelle der TTL-Signale die entsprechenden Sensorspannungen mit hoher zeitlicher Auflösung durch einen Trigger auslösen und direkt aufzeichnen. Bei Lichtschranken mache man sich vor der Auswertung klar, welchen Einfluss die Optik und die Form des bewegten Körpers auf die Messgenauigkeit haben können. Frequenzzähler für allgemeine elektronische Anwendungen sind um ein Vielfaches genauer als Lehrmittelgeräte, allerdings muss man die Beschaltung von vorhandenen Sensoren an die Möglichkeiten des Gerätes anpassen.

Neben optischen und elektrischen Signalen eignen sich Schallpulse zur Zeitbestimmung, durch Aufnahme eines Mikrophonsignals mit der Messwerterfassung oder mit einer Audio-Software. Für akustische Messungen wird oft das Aneinanderschlagen von Stativstangen empfohlen, aber diese Methode ist ungenau, da die Stangen den ersten Schlag schlecht abstrahlen und dann in heftige Eigenschwingung geraten. Eine hohe zeitliche Auflösung erreicht man mit relativ hartem, aber dämpfendem Material wie Stahl auf Holzfaserplatte. Abbildung 7.1 zeigt die Mikrophonsignale von zwei Stativstangen im Vergleich zu einer Stahlkugel, die auf eine geneigte Spanplatte prallt und anschließend zur Seite auf ein Handtuch fällt.

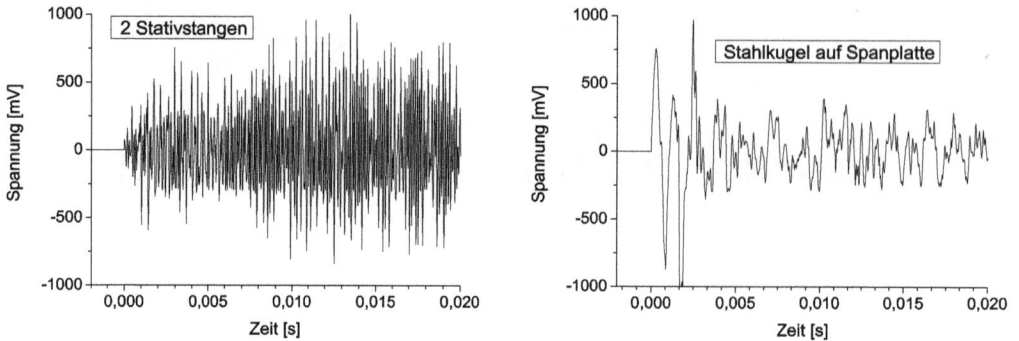

Abb. 7.1: *Erzeugung von Schallpulsen mit unterschiedlichen Stoßmaterialien. Entscheidend für eine gute Zeitauflösung ist die Höhe des erste Maximums im Vergleich zum folgenden Signal, vor allem bei Mehrfachpulsen.*

7.1.3 Waagen und Kraftmesser

Neben den Federkraftmessern kommen zunehmend elektronische Kraftmesser in Verwendung, die z.B. mit einem Messwerterfassungssystem ausgelesen werden können. Preisgünstiger und genauer sind Laborwaagen; man braucht lediglich die Einheit kg in N umzurechnen. Es gibt Modelle mit Unterflurhaken, an den man das Wägegut anhängen kann, sowie Handwaagen mit Griff und umschaltbarer Anzeige der Kraft. Der Preis für Laborwaagen mit Messbereich 100 g bis 10 kg ist im Wesentlichen durch den Dynamikbereich bestimmt, also die maximale Last im Vergleich zur Auflösung. Technisch machbar und für die Schule auch sinnvoll ist 0,1 g Auflösung bei 6000 g maximaler Belastung.

7.1.4 Stroboskop

Das Stroboskop emittiert kurze Lichtblitze mit einstellbarer Frequenz. Ein schneller, periodischer Vorgang erscheint an einer bestimmten Stelle des Bewegungsablaufes stillzustehen, wenn die Frequenz des Stroboskops mit dem Bewegungsrhythmus übereinstimmt. Bei leichter Frequenzverstimmung erscheint der ganze Vorgang in Zeitlupe. Anwendungsbeispiele sind gleichmäßig fallende Tropfen und die Schwingung einer Saite. Das flackernde Licht des Stroboskop kann bei Epileptikern Anfälle auslösen [8].

7.1.5 Bewegungsanalyse durch Video

Filmsequenzen von digitalen Kameras eröffnen vielfältige Möglichkeiten im Physikunterricht, angefangen vom Fall eines Steins bis hin zur Analyse von Bewegungsvorgängen im Sport. In Bezug auf Beleuchtung und Perspektive gelten die gleichen Grundsätze wie bei der Photographie (Abschnitt 6.9). Ein Video liefert Informationen über den Bewegungsablauf als Ganzes. Einzelne Bilder, wie z.B. der Aufprall eines Balls, können aus der Videosequenz ausgewählt werden. Spezielle Photokameras ermöglichen Hochgeschwindigkeitsvideos mit bis zu 1000 Bildern pro Sekunde, beispielsweise die Casio

Exilim EX-FH25, welche auch für eine Schule erschwinglich ist. Man muss die Belich-
tungszeit möglichst kurz wählen, um die Bewegungsunschärfe zu minimieren. Dazu
braucht man eine helle und zeitlich konstante Beleuchtung; ideal sind Halogenlampen
und LED im Gleichstrombetrieb, oder das direkte Sonnenlicht. Ausführliche technische Hinweise sowie zahlreiche Anwendungsbeispiele zu Hochgeschwindigkeitsaufnah-
men findet man in [146, 147]. Die quantitative Auswertung von Videosequenzen wie
beispielsweise die Erstellung einer Bahnkurve eines fallenden Körpers ist mit spezieller
Software möglich [21].

7.2 Aufbaumaterial

7.2.1 Stativmaterial

Aus Stativstangen und Muffen baut man sich Apparate aller Art. Stativstangen haben einen Durchmesser von 10 mm bis 12 mm. Man bedenke, dass die Durchbiegung
eines an den Rändern unterstützten Stabes bei Krafteinwirkung in der Mitte umkehrt
proportional zur dritten Potenz der Stärke ist. Lange Stangen sind daher nicht sehr
stabil und es empfiehlt sich der Bau eines Gerüsts. Verletzungen durch überstehende
Stangenenden in Kopfhöhe kann man durch Clownsnasen vorbeugen. Zur Vermeidung
wiederkehrender Schraubarbeit kann man sich für bestimmte Apparate Holzrahmen
bauen. L-förmige Säulen sind besonders einfach zu machen und trotzdem sehr stabil.

7.2.2 Labortisch mit Gewinderaster

Gewöhnlich befestigt man Stativstangen mit Tischklemmen oder mit einem schweren
Dreifuß. Bequemer ist ein Tisch mit Gewinderaster, wie er in der Optik gebräuchlich
ist und in Kapitel 5.1 vorgestellt wurde. Man kann Stativstangen an beliebiger Stelle
des Tisches anbringen und dadurch kompakte und elegante Aufbauten realisieren, siehe
Abbildung 7.2. Den Vorteil nutzt man natürlich auch in der Elektrizitätslehre [92].

Abb. 7.2: *Stativstangen werden mit M6 Madenschrauben auf einem Tisch mit Gewinderaster
befestigt.*

7.2.3   Kugelbahn

Kabelkanäle sind kastenförmige, leicht formbare Kunststoffprofile und dienen für Experimente mit rollenden Kugeln; sie sind in verschiedenen Dimensionen im Baumarkt erhältlich. Metallkugeln bekommt man u.a. im Fachversand für Kugellagerteile. Will man eine gerade Bahn realisieren, so vermeide man die Durchbiegung zu gering dimensionierter Stäbe und montiere die Bahn auf ein hochkant gestelltes Holzbrett.

7.2.4   Höhen- und Winkelverstellung

Experimente im Gravitationsfeld der Erde sollten möglichst parallel zur Gewichtskraft ausgerichtet werden. Der konventionelle Aufbau mit Stativmaterial und verstellbarem Dreifuß ist manchmal instabil und umständlich. Für wichtige Aufbauten, z.B. Fallzeit einer Kugel oder Gravitationsdrehwaage, lohnt sich eine stabile Konstruktion aus Holz. Die Ausrichtung der Grundplatte gelingt mit hoher Präzision durch Cembalo-Stimmwirbel (Typ 4 mm Flachkopf zylindrisch mit Gewinde [145]). Diese Stimmwirbel haben aufgrund ihrer speziellen Anwendung einen festen Sitz im Holz und lassen sich dennoch leicht drehen. Das Ende der Wirbelschraube ist kugelförmig, so dass der Kontaktpunkt in jedem Fall mit der Drehachse zusammen fällt. Die Verstellung erfolgt mit dem Stimmschlüssel oder einem selbst gefeilten Werkzeug. In einer 4,0 mm-Bohrung in Birkensperrholz dreht sich der Wirbel leicht und ist stabil in der Höhe; für weiche Hölzer oder festeren Sitz wählt man einen 3,9 mm-Bohrer. Die Anwendung von Stimmwirbeln ist in Abbildung 7.3 gezeigt.

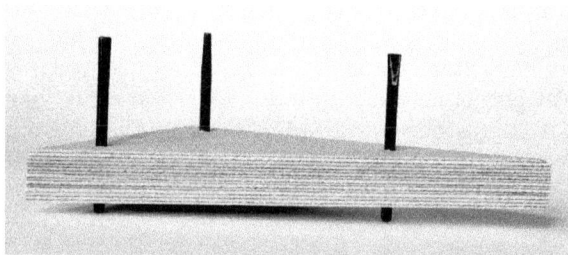

Abb. 7.3: *Lagerung einer Holzplatte auf drei höhenverstellbaren Punkten durch Stimmwirbel.*

Abb. 7.4: *Feingewindeschraube mit Rändelmutter und Bronzebuchse, rechts: montiert.*

Eine andere Möglichkeit der Feinverstellung ist die Feingewindeschraube mit Kugel-
kopf in Bronzebuchse, wie sie in vielfältigen Dimensionen für Optomechanik angeboten
wird [139]. Der Stimmwirbel ist mit 0,5 Euro konkurrenzlos preiswert, aber die Feingewindeschraube ist ebenfalls erschwinglich (< 30 Euro). Abbildung 7.4 zeigt Einzelteile
und Montage in einer Sperrholzplatte.

7.2.5   Fäden und Drähte

Die Zugfestigkeit von verschiedenen Kunststoff- und Pflanzenfasern sowie Metalldräh-
ten liegt in einem relativ engen Bereich von $100\,\mathrm{N/mm^2}$ bis $500\,\mathrm{N/mm^2}$. Für den praktischen Gebrauch sind andere Qualitäten entscheidend. Baumwolle und Leinen lassen
sich leicht handhaben und bilden zuverlässige Knoten, siehe Abbildung 7.5. Polyamid
kommt als Draht (Angelschnur) und Geflecht (Zeltschnur) in den Handel. Knoten lassen sich leicht öffnen und die Enden können verschmolzen werden. Polypropylen ist sehr
leicht, aber ziemlich steif. Seide hat aufgrund der sehr gleichmäßigen Faserstruktur eine
hohe Reißfestigkeit und eine große Dehnbarkeit; sie ist als Zahnseide (ungewachst) und
Nähgarn in verschiedenen Stärken erhältlich.

Metalldraht verwendet man als elektrischen Leiter, sowie in der Akustik. Abbildung
7.6 zeigt eine Saitenschlaufe, die man an einen beliebigen Draht anbringen kann, um
diesen mit einem Haken oder einem geknoteten Faden zu verbinden. Die Saitenschlaufe
reduziert im Unterschied zum Knoten die Zugfestigkeit nicht in nennenswertem Maße.

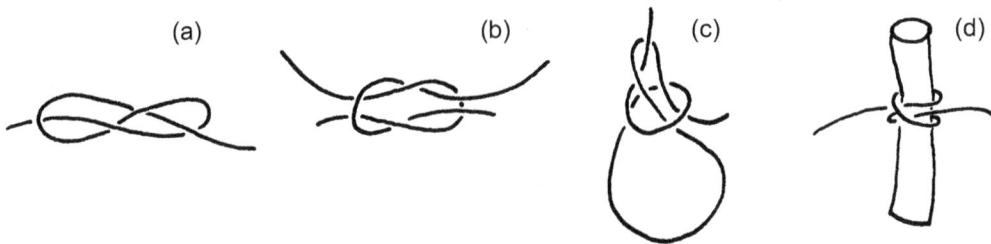

Abb. 7.5: *Knoten. (a) Achtknoten zur Verdickung eines Fadenendes, (b) Kreuzknoten zur
Verbindung zweier gleichstarker Fäden, (c) Palstek als feste Öse, (d) Webeleinstek zur Befestigung des Fadens an einer Stange.*

Abb. 7.6: *Saitenschlaufe zur Montage eines Drahtes an einem Stift, oder zur Verbindung mit
einem geknoteten Faden.*

Tabelle 7.1: *Elastizitätsmodul* E *und Zugfestigkeit* σ_B *verschiedener Materialien. Die angegebenen Zahlen sind Richtwerte; sie hängen u.a. von der Verarbeitung ab.*

	E [kNmm^{-2}]	σ_B [Nmm^{-2}]
Eisen weich	223	200
Klaviersaite Eisen	164	1500
Konstantan CuNi44	180	450
Messing geglüht	110	290
Messingsaite gezogen	85	930
Baumwolle		280
Seide		350
Polyamid	$0,5\ldots2,9$	$200\ldots600$
Rotbuche ∥ Faser	15	140
Rotbuche ⊥ Faser	0,15	7
Glas	$50\ldots100$	$30\ldots90$

In Tabelle 7.1 sind Elastizitätsmodul und Zugfestigkeit verschiedener Materialen angegeben. Das Elastizitätsmodul ist proportional zur Dehnung unter mechanischer Spannung. Die Zugfestigkeit ist die maximale Spannung, die in einer Probe direkt vor dem Bruch auftreten kann. Die maximal sinnvolle Spannung liegt – je nach Material – deutlich darunter; ein Faktor zwei ist in vielen Fällen eine gute Abschätzung. Zum Schneiden von Drähten benutzt man einen kräftigen Seitenschneider oder eine Kombizange mit entsprechender Klinge. Spezielle Seitenschneider für elektronische Bauteile sind sehr handlich und präzise in der Anwendung; sie eignen sich aber nur für dünnen Kupfer-Draht. Gitarrensaiten und andere Drähte aus Eisen- oder Chromlegierungen können die Klinge von Elektronikseitenschneidern beschädigen. Abbildung 7.7 zeigt einen extremen Fall von Gewalt gegen Werkzeug.

Die Auslösung einer vorgespannten Bewegung durch Durchbrennen eines Fadens ist schnell und reproduzierbar. Leinen ist das beste Material, weil es von selbst verlischt und nicht stinkt. Der sogenannte Sternzwirn ist aus Leinen, aber es gibt auch dünnere Garne im Kurzwarenhandel.

7.3 Vakuum

7.3.1 Membranpumpe

Die Membranpumpe erzeugt kein richtiges Vakuum, sondern vermindert den Luftdruck auf rund 100 mbar, in zweistufiger Ausführung auf 10 mbar = 1000 Pa. Die Membranpumpe ist ölfrei und gut zum Absaugen wasserhaltiger Luft geeignet, z.B. bei der Demonstration der Siedepunktserniedrigung.

Abb. 7.7: *Beschädigung eines Elektronik-Seitenschneiders, der für feine Arbeiten an Kupferdraht ausgelegt ist. Für grobe Arbeiten und hartes Material nimmt man einen kräftigen Seitenschneider mit langem Griff von mindestens 160mm Länge.*

7.3.2 Wasserstrahlpumpe

Die Wasserstrahlpumpe ist naturgemäß unempfindlich gegen Wasserdampf und daher eine gute Alternative bei Experimenten zur Siedepunktserniedrigung, wenn eine Membranpumpe nicht zur Verfügung steht. Beim gelegentlichen Gebrauch im Unterricht ist der Verbrauch von Trinkwasser unkritisch.

7.3.3 Drehschieberpumpe

Mit einer zweistufigen Drehschieberpumpe erreicht man Feinvakuum im Bereich 0,1 Pa bis 1 Pa; damit kann man z.B. Kanalstrahlen in einer Glasröhre mit Hochspannungselektroden zeigen. Zur Drehschieberpumpe gehört ein Ölfilter oder ein Auspuffschlauch, da im Betrieb Öl verdampft. Mit der Einstellung *Gasballast* ist der Enddruck nicht so gut, aber das Öl bleibt länger sauber. Drehschieberpumpen sind nicht zum Abpumpen von Wasserdampf geeignet. Geringe Wasserdampfmengen, wie sie in normaler Luft vorhanden sind, können im Gasballastbetrieb bewältigt werden, aber das Abpumpen von wasserhaltigen Geräten führt unweigerlich zur Kondensation von Wasserdampf im Öl. Der Enddruck wird schlechter und die Pumpe verrostet innerlich. Dieser Schaden könnte nur durch einen sofortigen Ölwechsel verhindert werden.

7.3.4 Scrollpumpe

Die Scrollpumpe basiert auf einem relativ neuen Prinzip, welches ohne Öldichtung auskommt. Das Vakuum ist nicht so gut wie bei Drehschieberpumpen (typisch 10 Pa) und die Empfindlichkeit gegen Wasserdampf ist ähnlich.

7.4   Strömungen

7.4.1   Wasser markieren

Wasserströmungen macht man mit Holzfeilicht sichtbar. Nasses Fichtenholz (Standard-material im Baumarkt erhältlich) erreicht fast die Dichte von Wasser und folgt da-her der Strömung, ohne aufzuschwimmen. Homogene Wasserfärbung erreicht man mit schwarzer Tinte oder mit Lebensmittelfarbe. Blaue Tinte ist ungeeignet, weil sie sich schnell entfärbt. Fluorescein-Natrium-Salz (Uranin, CAS 518-47-8, [98]) ist ungiftig, äußerst ergiebig und aufgrund der grünen Fluoreszenz hervorragend sichtbar.

Die Demonstration einer Strömungen erfolgt oft im Zusammenhang mit der Konvekti-on. Dann besteht alternativ zur Einbringung von Substanzen die Möglichkeit, den mit dem Temperaturunterschied einhergehenden Brechungsindexunterschied zur Sichtbar-machung der Konvektionsströmung auszunutzen. Näheres dazu in Abschnitt 9.4.1.

7.4.2   Wasserbehälter entleeren

Bei der Demonstration der Konvektion, der Fata Morgana an Salzwasserschichten im Aquarium sowie der optischen Hebung im Trog oder im Wasserprisma erzielt man mit großen Behältern eine bessere Wirkung. Die Wasserfüllung von bis zu 100 Litern erfor-dert einen stabilen Ansatztisch. Die Entleerung am Ende des Experiments erfolgt durch einen Schlauch, den man über den Rand in einen tiefer gelegenen Ausguss führt. Das verbreitete Ansaugen des Wassers ist unappetitlich und wird umgangen, in dem man den ganzen Schlauch untertaucht und die dem Ausguss zugeführte Öffnung mit dem Daumen verschließt; oder indem man den Schlauch an den Wasserhahn zur Füllung des Behälters anschließt, die Luft durch kurzes Aufdrehen aus dem Schlauch herausdrückt und dann die hahnseitige Öffnung in den Ausguss hängt.

7.4.3   Konstanter Wasserdruck

Der hydrostatische Druck an einer Apparatur mit Wasserdurchfluss bleibt konstant, wenn man zum Nachfüllen eine Mariotte'sche Flasche verwendet, siehe Abbildung 7.8. Der obere Stopfen muss dicht schließen, damit im Innern der Druck der eingeschlosse-nen Luft sinken kann. Der Glasbehälter ist unter der Bezeichnung Abklärflasche oder Stutzenflasche im Handel.

7.5   Windkanal

Versuche zum Prinzip der Tragfläche, zum Windwiderstand und zur Funktion der Windmühle erfordern strömende Luft mit einem möglichst homogenen räumlichen Ge-schwindigkeitsprofil. Ein einfaches Gebläse reicht nicht aus, und Lehrmittelgeräte sind selten mehr als das. Ein Windkanal kann geschlossen angeordnet sein, d.h. die am Pro-bekörper vorbeiströmende Luft wird aufgefangen und dem Antrieb wieder zugeführt, oder die Luft strömt einfach in die Umgebung. Letzteres Prinzip funktioniert genauso gut und ist in der Anwendung viel bequemer, man kann zudem die strömende Luft mit Wasserdampfschwaden markieren. Die Firma Aniprop baut einen Windkanal für Schulanwendungen mit einem bemerkenswert kleinen Turbulenzgrad von weniger als 0,5 % bei 12 m/s Windgeschwindigkeit. Damit gelingt auch der ortsaufgelöste Nachweis des Umschlags von laminarer zu turbulenter Strömung an geneigten Tragflächen. Unter [6] gibt es neben den technischen Daten sowie Experimentiervorschlägen auch eine Bauanleitung für den ambitionierten Heimwerker.

Abb. 7.8: *Mariotte'sche Flasche. Der Druck wird bestimmt durch die Höhe des Lufteinlasses innerhalb der Flasche.*

8 Wärme

8.1 Thermometer

Klassische Alkoholthermometer werden aus traditionellen Gründen verwendet. Schnellere und genauere Messungen gelingen mit elektronischen Thermometern. Es gibt verschiedene Messmethoden.

8.1.1 Thermoelement

Die Kontaktspannung an einer Verbindungsstelle unterschiedlicher Metalle ist temperaturabhängig. Darauf basieren die Thermoelemente, welche mit verschiedenen Materialkombinationen gebaut werden. Am gebräuchlichsten und für die Schule am besten geeignet ist der Typ K, eine Kombination von Nickel und Chrom-Nickel. Thermoelemente haben spezielle Stecker mit bekannten Kontaktspannungen, siehe Abbildung 8.1. Sie müssen immer direkt in das Messgerät eingesteckt oder mit einem speziellen Verlängerungskabel ergänzt werden. Thermoelemente sind gekapselt oder frei liegend. Im letzteren Fall ist die Zeitkonstante kleiner, aber der Sensor kann nicht in Flüssigkeiten eingetaucht werden. Ein Spezialsensor zur Messung der Lufttemperatur kommt in wenigen Sekunden ins Gleichgewicht, wie in Abbildung 8.2 gezeigt ist. Lehrmittelhersteller haben oft nur einen Universalsensor im Programm; eine größere Auswahl gibt es bei Herstellern von Präzisionsthermometern [138].

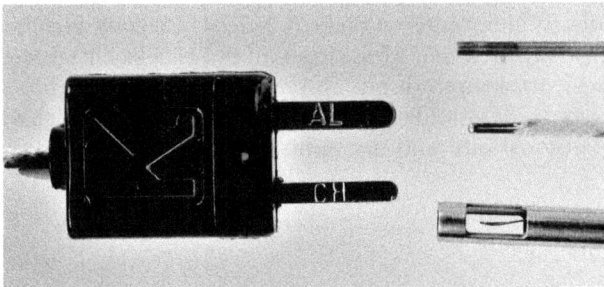

Abb. 8.1: *Thermoelemente verschiedener Bauart. Links: Normstecker K-Typ; rechts oben: Eintauchsensor; Mitte: einfacher Sensor mit offenem Kontakt; unten: Luftsensor.*

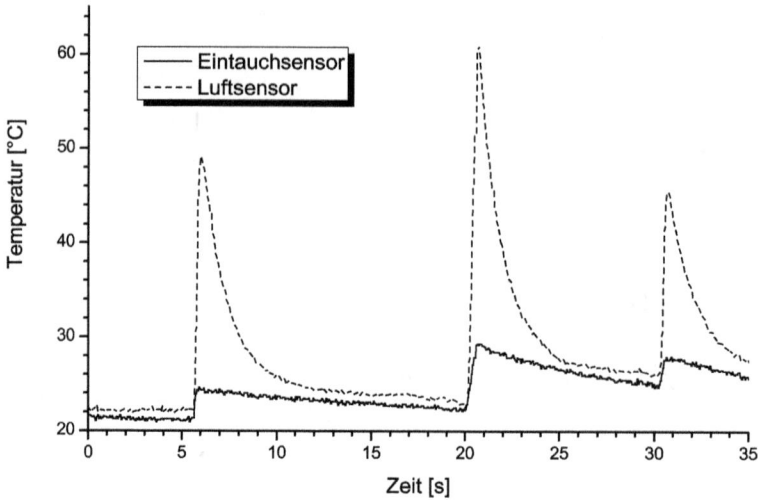

Abb. 8.2: *Empfindlichkeit verschiedener Thermoelemente in Luft beim Durchgang durch ein Heißluftgebläse. Man beachte den Anstieg des langsam veränderlichen Untergrundes beim Luftsensor durch Erwärmung des äußeren Edelstahlrohres.*

8.1.2 Pt100

Dem Platin-Widerstandsthermometer wird eine hohe Genauigkeit zugeschrieben. Die Temperaturabhängigkeit des elektrischen Widerstands von Platin ist sehr gut bekannt und zeitlich stabil. Der Widerstand des weit verbreiteten Pt100-Sensors liegt bei $100\,\Omega$, gebräuchlich ist auch der Pt1000 Sensor mit $1000\,\Omega$. Die zugehörigen Thermometer sind Widerstandsmessgeräte mit entsprechender Umrechnung. Genaue Messungen sind nur möglich, wenn der Widerstand der Messleitung korrigiert wird, z.B. durch gleichzeitige Bestimmung des Widerstands in einer 3. und 4. Leitung gleicher Dimension. Die Erwärmung des Sensors durch den Messstrom muss berücksichtigt werden. Aufwändige Geräte führen diese Korrekturen durch und ermöglichen tatsächlich sehr genaue Messungen. Nachteile des Widerstandsthermometers sind der vergleichsweise hohe Strombedarf, die lange Zeitkonstante und der hohe Preis der Elektronik.

8.1.3 Halbleiter

Verschiedene Halbleiter eignen sich ebenfalls zur Temperaturmessung. Die Temperaturänderung von Widerstand oder Spannung ist erheblich größer als bei den oben vorgestellten Verfahren, so dass sehr einfache elektronische Schaltungen möglich sind. Folglich ist die absolute Genauigkeit, der Messbereich und die Langzeitstabilität gering.

8.2 Wärmequellen

8.2.1 Gasbrenner

Gasbrenner werden gebraucht, wenn Gegenstände auf Glühtemperatur erhitzt werden müssen. Der klassische Bunsenbrenner aus der Chemie kommt in der Physik seltener zum Einsatz, weil im Physiksaal oft keine Gasleitung vorhanden ist. Als Ersatz gibt es verschiedene Aufsätze für Gaskartuschen. Diese haben oft eine geringere Leistung als ein konventioneller Bunsenbrenner, so dass Erwärmungsvorgänge lange dauern können. Die Lötlampe mit Gaskartusche ist eine leistungsstarke Alternative, wenn die Flamme waagerecht sein kann. Campingkocher mit eingebauter Zündeinrichtung sind leistungsstark und standsicher, also empfehlenswert.

8.2.2 Elektrische Heizungen

Elektrische Heizplatten eignen sich für die Erwärmung größerer Objekte. Wasser wird am besten im Wasserkocher erhitzt. Für kugelförmige Kolben gibt es passende Heizhauben, die in Bezug auf Heizleistung enttäuschen und wohl eher für Chemiker gedacht sind, die Proben warmhalten wollen.

8.2.3 Spiritusbrenner

Den Spiritusbrenner findet man als Zubehör für Stirlingmotoren, oder auch für Schülerexperimente. Die Leistung ist deutlich höher als die einer Kerze. Es gibt Modelle, die leicht umkippen und auslaufen können, oder die aus Glas gefertigt sind; solche sind ein Sicherheitsrisiko. Besser sind flache Metallbehälter mit Schraubverschluss. Als Brennstoff eignet sich neben dem vergällten Spiritus auch reiner Ethyl-Alkohol 96 % oder 100 % aus der Apotheke. Der Zusatz von etwa 10 % Wasser zum Alkohol vermindert die Rußbildung auf kühlen Oberflächen.

8.2.4 Brennstoffe

Neben der elektrischen Heizung ist der Gasbrenner eine sichere, saubere und leistungsfähige Wärmequelle. Manchmal ist es jedoch erforderlich oder wünschenswert, auf andere Weise eine offene Flamme zu erzeugen. Das Teelicht ist ein Klassiker mit vergleichsweise geringer Leistung. Dampfmaschinen werden traditionell mit Esbit befeuert, das ist gepresstes Hexamethylen, welches zwar rückstandsfrei, aber mit unangenehmem Geruch verbrennt. Für Heißluftballons, Knatterboote und sonstige Bastelprojekte ist Brennpaste (gelierter Spiritus) geeignet. Gegenüber flüssigem Spiritus hat Brennpaste den großen Vorteil, dass sie sich nicht verteilt, wenn der Behälter umkippen sollte.

8.3   Behälter

8.3.1   Feuerfestes Glas

Normales Glas kann bei Wärmeeinwirkung leicht springen. Beständig gegen Erwärmung mit Bunsenbrenner und Heizplatte ist Pyrex oder Duran-Glas. Diese Borosilikatgläser haben einen sehr viel geringeren Wärmeausdehnungskoeffizienten, so dass Temperaturgradienten weniger Spannungen verursachen. Quarzglas ist noch robuster, aber es ist in Schulen nicht gebräuchlich und auch nicht nötig. Nicht jeder Glasgegenstand, der speziell für Laboranwendungen hergestellt wurde, besteht aus Borosilikatglas! Normalerweise haben Glasgegenstände aus Borosilikatglas einen entsprechenden Aufdruck; wenn dieser fehlt, sollte man von der Erhitzung absehen. Glassplitter können weit springen und Lehrer wie Schüler verletzen.

8.3.2   Isoliergefäße

Doppelwandige Edelstahlkannen mit Isoliervakuum sind in vielen Abmessungen im Fachgeschäft für Draußen [41] erhältlich und sind optimal zur thermischen Isolation sowohl heißer als auch kalter Flüssigkeiten. Andere Möglichkeiten sind Thermoskannen aus Glas, Weinkühler und andere doppelwandige Gefäße, wobei zu beachten ist, dass einfache Konstruktionen mit Luft gefüllt sind und die Wärme viel stärker leiten als evakuierte Behälter.

8.3.3   Styroporkisten

Für den Versand von wärmeempfindlichen Medikamenten etc. gibt es spezielle Styroporkisten mit glatter Oberfläche und dicht schließendem Deckel. Im Einzelfall kann eine solche Kiste schneller zu beschaffen sein als der Selbstbau aus Plattenmaterial. Styropor erweicht bei 70 °C; es ist somit auch zur thermischen Isolation von warmem Wasser geeignet.

8.4   Kältemittel

8.4.1   Eis

Gefrorenes Wasser kommt bei vielen Experimenten der Wärmelehre zur Anwendung. Eisblöcke kann man sich in größeren Mengen ggf. aus der Schulkantine beschaffen. Eiswürfelmaschinen produzieren pro Zeiteinheit viel mehr Eis als ein Gefrierfach und sie können bei Nichtgebrauch vom Netz getrennt werden.

8.4.2   Kältemischung

Temperaturen unterhalb des Gefrierpunktes von Wasser werden mit Kältemischungen erreicht. Kochsalz und Eis im Gewichtsverhältnis 1:3 gemischt ergibt eine Temperatur von $-21\,°C$. Noch tiefer kommt man mit $CaCl_2 \cdot 6H_2O$, von dem $140\,g$ mit $100\,g$ Eis gemischt werden. Thermische Isolation des Gefäßes und gute Durchmischung bedingen die erreichbare niedrige Temperatur. Eiswürfel kann man in ein altes Handtuch einwickeln und mit einem Hammer oder Tonnenfuß zerkleinern; diese Eissplitter sind ideal für die Kältemischung. Schnee enthält zuviel Luft und klebt.

8.4.3 Trockeneis

Trockeneis ist festes Kohlenstoffdioxid (CO_2) mit einer Temperatur von $-78\,°C$. Man kann es bei Bedarf selbst herstellen: Ein Trinkwassersprudler (Prickelmaschine) wird kopfüber gehalten und die Gasdüse wird mit einem Geschirrhandtuch umwickelt. Dann wird das Ventil ausgelöst, und das flüssige CO_2 aus der Flasche expandiert im Handtuch unter sehr großer Temperaturerniedrigung aufgrund des Joule-Thomson-Effekts. Die Flocken aus gefrorenem CO_2 können direkt für Versuche verwendet werden. Durch die lockere Struktur sind die Flocken weniger gefährlich in Hinblick auf Erfrierungen an der Haut als kommerzielles Trockeneis in gepresster Form. Etwaigen Diskussionen in der Klasse wegen des Treibhauseffekts begegnet man mit dem Argument, dass ein Auto zwischen 100 g und 200 g CO_2 pro Kilometer emittiert. Kompaktes Trockeneis erhält man kostenlos in Lebensmittelgeschäften, in denen es bei der Lieferung von Tiefkühlware anfällt.

8.4.4 Flüssiger Stickstoff

Experimente bei kryogenen Temperaturen sind äußerst attraktiv. Man wird den dazu nötigen Flüssigstickstoff aus externer Quelle beschaffen müssen. Beim Umfüllen sollte man Handschuhe tragen, die speziell dafür ausgelegt sind. Normale Gewebehandschuhe können unter Umständen mit flüssigem Stickstoff getränkt werden und dann gravierende Erfrierungen verursachen. Für den Transport und die Aufbewahrung von flüssigem Stickstoff werden Dewar-Gefäße speziell für diesen Zweck empfohlen [64,115]. Sie zeichnen sich durch geringe Abdampfverluste und einen gasdurchlässigen Deckel aus und sind damit besser und sicherer als eine Kaffeekanne.

Für Kühlzwecke wird gelegentlich auch flüssige Luft verwendet. Diese darf nicht zu lange aufbewahrt werden, weil der Stickstoff aufgrund des niedrigeren Siedepunktes selektiv verdampft und der zurückbleibende Sauerstoff ein sehr starkes Oxidationsmittel ist. Die niedrige Temperatur schützt nicht vor Brand!

8.5 Wärmekraftmaschinen

8.5.1 Stirlingmotor

Fast jede Schulsammlung hat einen Stirlingmotor, der meist schwer in Betrieb zu bringen ist, nur mit Wärme läuft und somit wenig überzeugt. Es gibt Alternativen. Von verschiedenen Herstellern werden Niedrigtemperatur-Motoren angeboten, die einen durchsichtigen Kolbenraum haben und bei guter Abstimmung schon auf der warmen Hand laufen, z.B. [46]. Die Prozessrichtung kehrt sich um, wenn die ursprünglich warme Unterseite auf gestoßenes Eis gestellt wird, siehe Abbildung 8.3. Stirlingmotoren zum

Selbstbau [7] sind nicht ganz so effizient, aber eine Bereicherung für den handlungsori-
entierten Unterricht. Anleitungen für den Selbstbau mit alltäglichen Materialien findet
man in [131], [144]. Der Regenerator im Stirlingmotor ist übrigens zur Funktion nicht
notwendig – weshalb viele einfache Motoren keinen haben – sondern erhöht lediglich
die Effizienz.

Abb. 8.3: *Stirling-Motor für kleine Temperaturdifferenzen. Die Unterseite wird über einen
separaten Kühlkörper mit Eiswasser gekühlt. Die Oberseite kühlt nach einiger Zeit spürbar ab,
denn ein guter Motor ist auch ein guter Wärmeleiter. Durch Anwärmen der Oberseite mit der
warmen Hand erhöht sich die Drehgeschwindigkeit. Die Gesetzmäßigkeiten der Wärmekraftmaschine können ohne jegliche Verbrennungsgefahr erforscht werden.*

8.5.2   Dampfmaschine

Die ersten Dampfmaschinen von James Watt arbeiten mit Dampf bei Atmosphärendruck, welcher im Kondensator einen Unterdruck erzeugt. Spätere Maschinen, vor allem
für Lokomotiven, arbeiten mit Wasserdampf unter Druck, der auf Atmosphärendruck
entspannt wird; auf die Kondensation kommt es hier nicht an. Dampfmaschinenmodelle,
die in vielfältiger Ausführung angeboten werden [60, 124, 135], sind in der Regel Über-
druckmaschinen mit einfacher Mechanik. Traditionell wird Esbit als Brennstoff verwendet, der allerdings stinkt und Rückstände hinterlässt. Dampfmaschinen mit Gas- oder
Spiritusbrenner haben diesen Nachteil nicht. Für die verbreiteten Wilesco-Maschinen
gibt es Gasbrenner zum Nachrüsten [50].

8.5.3   Dampfturbine

Einige Hersteller von Dampfmaschinen bieten jeweils auch eine Turbine an, die mit dem gleichen Typ Dampfkessel versorgt wird. Die mechanische Leistung reicht für den Antrieb eines kleinen Generators. Beim Anschalten einer Glühlampe sinkt die Drehzahl der Turbine hörbar ab, weil der mechanische Widerstand des Generators ansteigt. Dieses hervorragende Modell eines Elektrizitätswerkes ist selten bekannt.

8.5.4   Peltier-Element

Das Peltier-Element basiert auf dem thermoelektrischen Effekt: Durch Anlegen einer Temperaturdifferenz wird ein elektrischer Strom angetrieben, oder durch einen elektrischen Strom wird ein Wärmestrom angetrieben. Das Peltier-Element kann also als Wärmekraftmaschine oder als Wärmepumpe betrieben werden. In der Technik verwendet man es vorwiegend zum Kühlen von elektronischen Bauteilen. Im Physikunterricht leistet es auch gute Dienste im Betriebsmodus Wärmekraftmaschine [24]. Die Spannung an den Kontakten ist zur Stärke des Wärmestroms durch die Querschnittsfläche proportional, es ist also ein Wärmestrommessgerät [116, 126]. Man beachte, dass das Wärmestrommessgerät selbst einen Wärmewiderstand darstellt. Anders als bei der Messung elektrischer Ströme ist der Messwiderstand nicht vernachlässigbar.

Die Thermospannung kann belastet werden. Mit einem Modul von 30 mm Kantenlänge kann man bei maximaler Temperaturdifferenz eine kleine Glühbirne leuchten lassen, sofern Innenwiderstand des Peltiermoduls und Innenwiderstand der Birne etwa gleich sind; dann ist die nutzbare elektrische Leistung maximal. Der Antrieb eines kleinen Elektromotors mit aufgestecktem Propeller ist leichter zu erreichen und noch überzeugender. Gewöhnliche Peltier-Elemente sind für 60 K Temperaturdifferenz und 70 °C Maximaltemperatur ausgelegt, spezielle Typen erreichen höhere Spezifikationen.

9 Experimente

9.1 Elektrizität

9.1.1 Schülerexperiment Kirchhoff-Gesetze

Schülerexperimente zur Elektrizität sind schnell vorbereitet und komplikationsarm in der Durchführung. Im Abschnitt 1.4 wurde bereits beschrieben, wie man Kurzschlüsse unter Kontrolle hat. Für quantitative Versuche sind weitergehende Überlegungen notwendig. Wir nehmen an, dass Schüler die Reihen- und Parallelschaltung von drei Widerständen untersuchen sollen. Dazu stehen Steckwiderstände, Digitalvoltmeter (DVM) und ein zentrales Netzgerät zur Verfügung. Man kann davon ausgehen, dass folgender Fehler passiert: Eine Spannung soll gemessen werden, und die Kabel stecken in den Buchsen für Stromstärkemessung. In dieser Schaltung ist der Innenwiderstand des DVM sehr gering, und es entsteht ein Kurzschluss zum zentralen Netzgerät. Die Stromstärke wird so groß, dass die Sicherung des DVM durchbrennt. Es ist mühselig, riskant und didaktisch nicht sinnvoll, diesen Fehler vermeiden zu wollen. Daher wird die Stromstärke auf den Maximalwert des größten abgesicherten Messbereiches begrenzt. Für unsere Beispielrechnung nehmen wir eine Spannung von 4V, eine Maximalstromstärke von 400 mA, zehn Schülerarbeitsgruppen und jeweils drei Widerstände an. Der gesamte Widerstand aller Experimente in der Klasse darf nicht zu klein sein, weil sonst die Spannung aufgrund des Innenwiderstands des Netzgerätes sinkt und quantitativ sinnvolle Messungen nicht möglich sind. Der ungünstigste Fall ist eine Parallelschaltung aller in der Klasse vorhandenen Widerstände.

Die elegante und letztlich auch preisgünstige Lösung ist ein Netzgerät mit elektronischer Begrenzung der Stromstärke. In diesem Fall braucht man nur sicher zu stellen, dass der Lastwiderstand der Klasse größer ist als die Spannung dividiert durch die Maximalstromstärke, im Beispiel $10\,\Omega$; dann kann das Netzgerät die Spannung konstant regeln. Die einzelnen Widerstände müssen mindestens $300\,\Omega$ betragen, das ergibt in Parallelschaltung den genannten Minimalwert. Man braucht sich nicht die Mühe zu machen, die Rechnung für verschiedene Widerstandswerte auszuführen. Ein Satz Widerstände mit $470\,\Omega$, $1\,k\Omega$ und $2{,}2\,k\Omega$ wird sicher funktionieren.

Steht kein Netzgerät mit elektronischer Stromstärkebegrenzung zur Verfügung, muss man die Stromstärke durch einen externen Widerstand passiv begrenzen. Dazu gibt es zwei Möglichkeiten, die in Abbildung 9.1 gezeigt sind. Mit der Schaltung a) wird die Spannung am Gerät eingestellt, und der Serienwiderstand wird in Reihe geschaltet. Im Beispiel brauchen wir einen Widerstand von $R = U/I_{max} = 10\,\Omega$, er übernimmt effektiv die Rolle des Innenwiderstands im grau unterlegten Bereich. Genauere Rechnung unter Einbeziehung des eigentlichen Innenwiderstands des Netzgeräts erspart man sich, wenn man R_s als Schiebewiderstand ausführt und die Stromstärke im Kurzschluss auf den gewünschten Wert einstellt. In der Schaltung b) stellt man eine deutlich höhere Spannung, z.B. 24 V, am Netzgerät so ein, dass durch den externen Widerstand ein Strom von 400 mA fließt. Mit dem Abgriff wird die Spannung an den Ausgangsbuchsen fein eingestellt. Im Kurzschluss steigt die Stromstärke nur geringfügig über den gewünschten Maximalwert, wenn der Spannungsabgriff über einen relativ kleinen Bereich des Parallelwiderstands erfolgt. Die Schaltung b) ist besonders bei kleinen Spannungen geeignet, die sich schwer am Netzgerät einstellen lassen, z.B. genau 1V, oder wenn die Spannung im Laufe der Experimente verändert werden soll. Der Lastwiderstand der gesamten Klasse muss so groß sein, dass der Spannungsabfall über dem Begrenzungswiderstand vernachlässigbar klein ist. Eine Abweichung von 1 Prozent ist sicher noch akzeptabel, so dass man den Lastwiderstand der gesamten Klasse um den Faktor 100 größer als den Begrenzungswiderstand machen muss. Der Minimalwert für die Steckwiderstände ist 30 kΩ, welche in Parallelschaltung 1 kΩ ergeben. Man wird drei verschiedene Widerstände wählen, die alle größer 30 kΩ sind, z.B 47 kΩ, 100 kΩ und 220 kΩ. Zu groß darf man die Widerstände auch nicht machen: In Reihenschaltung erhalten wir immerhin 370 kΩ, und bei 4 V Spannung beträgt die Stromstärke – die ja auch mit 1 Prozent Genauigkeit gemessen werden soll – nur noch $I = U/R = 10\,\mu A$. Moderne DVM, auch einfache Modelle, haben oft einen Messbereich mit 100 nA Auflösung; damit gelingen quantitative Messungen problemlos. Wenn solche Geräte nicht zur Verfügung stehen, kann man den Minimalwiderstand herabsetzen und annehmen, dass der Fall der gleichzeitigen Parallelschaltung praktisch nie eintritt, weiterhin kann der Anspruch an die Genauigkeit auf 3 % verringert werden. Dann ist eine Verringerung der Widerstände um einen Faktor 10 und eine Erhöhung der kleinsten gemessenen Stromstärke um den gleichen Faktor möglich.

Es ist unabwendbar mit jeder zentralen Spannungsversorgung, dass ein Kurzschluss in der Klasse zum Zusammenbruch der Klemmenspannung führt. Schülerinnen und Schüler müssen zum einen erkennen können, wenn eine andere Gruppe einen Kurzschluss produziert, zum anderen müssen sie schnelle Rückmeldung bei eigenen Handlungen bekommen. Das gelingt einfach mit einem Demonstrations-Amperemeter, welches bei Kurzschluss Vollausschlag zeigt und im regulären Betrieb nahezu auf Null steht; alternativ kann man auch die Klemmenspannung messen, wenn man *Ausschlag = gut, 0 = schlecht* bevorzugt.

9.1.2   Anlaufstrom einer Halogenlampe

Der Widerstand einer Halogenlampe ist im kalten Zustand viel geringer als im Betrieb. Die anfängliche Stromstärke ist daher mehrfach höher als die Betriebsstromstärke von z.B. 8 A bei einer 100 W/12 V-Lampe. Wir wollen die tatsächliche Stromstärke beim Einschalten der Lampe messen. Als Messgerät dient ein Messwerterfassungssystem. Aufgrund der großen Stromstärke von $I > 8$ A kommt ein direkter Anschluss des Stromstärkemessgerätes nicht in Frage. Eine denkbare Möglichkeit wäre die Stromzange, die mithilfe des magnetischen Flusses eine Spannung proportional zur Stromstärke im umfassten Leiter gibt und an den Spannungseingang angeschlossen werden kann. Allerdings ist die Zeitauflösung der Stromzange unzureichend. Es besteht also das Problem der sehr großen, schnell veränderlichen Stromstärke und der Forderung, dass das

(a)

(b)

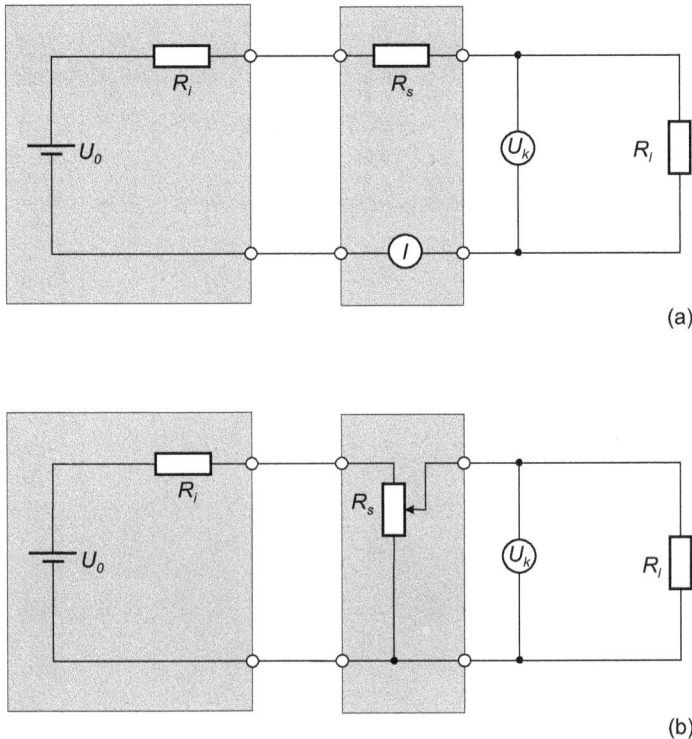

Abb. 9.1: *Schaltplan für Elektrizitätsquelle mit passiver Strombegrenzung. a) Serienwiderstand für feste Spannung b) Parallelwiderstand für einstellbare Spannung. Optional ist das Stromstärkemessgerät als Kurzschlussindikator. Der Widerstand R_l repräsentiert den Gesamtwiderstand aller Experimente in der Klasse.*

Messgerät einen extrem kleinen Innenwiderstand haben muss. Eine geschickte Methode ist die Messung des Spannungsabfalls an den beiden Enden eines Anschlusskabels: Je größer die Stromstärke, desto größer ist diese Spannung, und der Widerstand des Kabels ist unvermeidlich; es wird also kein zusätzlicher Widerstand eingefügt. Der Aufbau ist in Abbildung 9.2 gezeigt, die Spannung als Funktion der Zeit in Abbildung 9.3 angegeben. Ein erster Test zeigt, dass der Anlaufstrom die Maximalstromstärke des Netzgerätes ($I \leq 40\,\mathrm{A}$) überschreitet. Daher wird ein großer Elektrolytkondensator ($C = 80\,\mathrm{mF}$, $U \leq 16\,\mathrm{V}$) parallel zum Ausgang geschaltet, der in den ersten Millisekunden den zusätzlichen Strom durch geringfügige Entladung ermöglicht. Die Betriebsstromstärke ist 7,7 A, der Spannungsabfall am Kabel (0,3 m lang) ist 0,035 V. In den ersten Millisekunden beträgt die Spannung am Kabel bis zu 0,268 V, entsprechend einer Stromstärke von 63 A.

Zur Verifikation wird der Widerstand im kalten Zustand bestimmt. Dabei wird der Widerstand der Anschlusskabel entweder vernachlässigt (er beträgt $2 \cdot 0,27\,\mathrm{V}/12\,\mathrm{V}$ = 5 % des Gesamtwiderstands) oder mitgemessen. Saubere Steckverbindungen sind kritisch für die Genauigkeit der Messung. Man lässt einen Strom von $100\,\mu\mathrm{A}$ (10 V

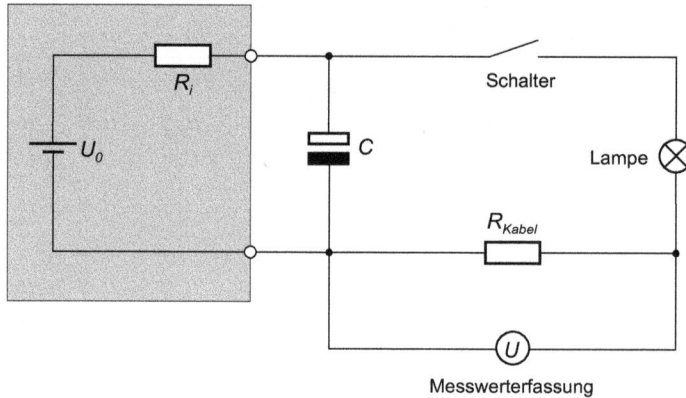

Abb. 9.2: *Aufbau zur Messung des Anlaufstroms einer Halogenlampe. Der eingezeichnete Widerstand R_{Kabel} ist der ohmsche Widerstand eines gewöhnlichen Laborkabels von 25cm Länge. Die anderen Kabelwiderstände sind der Übersichtlichkeit wegen nicht eingezeichnet.*

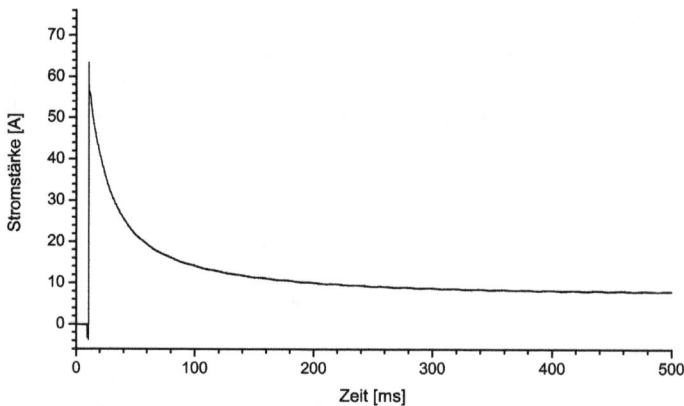

Abb. 9.3: *Anlaufstrom einer Halogenlampe mit einer Zeitauflösung von 50µs.*

über $100\,\text{k}\Omega$ Serienwiderstand) durch die Lampe fließen und misst die Spannung über der Lampe mit einem Mikrovoltmeter (z.B. CASSY mit Verstärkermodul). Sie beträgt $17\,\mu\text{V}$, also ist der Widerstand $0{,}17\,\Omega$ in guter Übereinstimmung mit $R = U/I = 12\text{V}/63\,\text{A} = 0{,}19\,\Omega$ aus der Messung der Stromstärke.

9.1.3   Elektromagnet

Für die Demonstration des Elektromagneten strebt man eine möglichst große Feldstärke an. Die Feldstärke einer langen Spule ist:

$$H = \frac{NI}{l} \tag{9.1}$$

Man denkt zuerst an eine Spule mit möglichst großer Windungszahl N. Allerdings kann man dann nicht so dicke Drähte nehmen, der Widerstand ist größer und die Stromstärke bei maximal tolerierbarer Heizleistung ist kleiner. Für eine gegebene Spulengeometrie, z.B. bei den Bauteilen des Aufbautransformators, heben sich diese Effekte gerade auf, die erreichbare Feldstärke ist immer gleich. Dennoch ist es nicht egal, welche Spule man nimmt: Eine Spule mit 36000 Windungen hat einen Widerstand von $13\,\text{k}\Omega$ und eine maximale Stromstärke von 0,03 A; bei diesem Wert fällt eine Spannung von $U = RI = 390\,\text{V}$ ab, welche bei dieser Stromstärke eine tödliche Gefahr darstellt. Bei den Spulen mit kleiner Windungszahl ist die notwendige Stromstärke sehr hoch. An sich ist das ungefährlich, aber man braucht ein geeignetes Netzgerät. In der Praxis wird man sich vielleicht für $N = 1200$ bei $I = 1\,\text{A}$ entscheiden, was man auch ohne die Überlegungen geraten hätte. Die gewöhnlichen Kleinspannungsstelltransformatoren („Würfel") sind wegen der Schwankungen der Spannung (siehe Abbildung 1.4) denkbar ungeeignet. Wenn man mit einem Nagel die Wirkung des Spulenfeldes untersucht, spürt man eine Vibration, welche von Schülerinnen und Schülern leicht als Eigenschaft des Magnetfeldes angesehen wird. Notfalls schafft ein großer Elektrolytkondensator parallel zu den Anschlussklemmen Abhilfe; besser ist ein stabilisiertes Gleichstromnetzgerät oder eine Batterie.

Auf den Spulen der Lehrmittelhersteller ist eine maximale Stromstärke für den Dauerbetrieb angegeben. Ein Test mit einer Spule für 30 mm Kern mit 600 Windungen ergab bei Nennstrom 2 A eine Temperaturerhöhung von 10 K im thermischen Gleichgewicht. Eine Verdopplung der Leistung $P = UI$ kann für einige Minuten riskiert werden. Höhere Leistung ist im gepulsten Betrieb möglich: Aus der Wärmekapazität des Kupfers ($0,39\,\text{kJ/kg·K}$) sowie der Masse des Spulendrahtes (etwa 80 % der Spulenmasse) berechnet man sich die Energie, die eine Temperaturerhöhung um 10 K verursacht; im Beispiel ist $W = 0,67\,\text{kg}\cdot10\,\text{K}\cdot0,39\,\text{kJ/kg·K} = 2,6\,\text{kJ}$. Aufgrund der großen Zeitkonstante der Abkühlung von etwa 30 Minuten kann man diese Energie nur einmalig deponieren.

Das Magnetfeld von Lehrmittelspulen beträgt bei Nennstrom gemäß Gleichung 9.1 rund $20\,\text{kA/m}$ oder 250 Oe. Das Feld ist größer als die Koerzitivfeldstärke vieler Stahlsorten, aber geringer als die Koerzitivfeldstärke von Permanentmagneten, die bis zu $1\,\text{MA/m}$ betragen kann. Die entsprechende magnetische Flussdichte $B = \mu_0 H$ ist 25 mT. Im Vergleich dazu kann die Flussdichte an der Oberfläche eines Permanentmagneten bis zu 1,4 T betragen.

9.1.4 Magnetfeld eines stromdurchflossenen Leiters

Zum Magnetfeld des stromdurchflossenen Leiters gibt es von Lehrmittelherstellern Drähte und Spulen im Plexiglashalter für den Overheadprojektor. Als Maximalstromstärke ist 10 A angegeben. Dieses Experiment kann gar nicht ordentlich funktionieren, da das Feld des Drahtes schon in 5 cm Abstand schwächer ist als das Erdmagnetfeld. Sinnvollerweise nutzt man auf dem Overheadprojektor die gesamte Fläche, d.h. noch im Abstand von $r = 200\,\text{mm}$ (halbe Flächendiagonale) soll das Magnetfeld deutlich stärker als das Erdmagnetfeld sein. Die magnetische Flussdichte im Abstand r eines langen stromdurchflossenen Drahtes ist gegeben durch:

$$B = \frac{\mu_0 I}{2\pi r}. \tag{9.2}$$

Mit $I = 400\,\text{A}$ ist $B(r = 200\,\text{mm})$ achtmal stärker als das Erdmagnetfeld mit $B_{Erde} = 48\,\mu\text{T}$, ein ausreichender Wert. Man braucht also einen dicken Draht und eine Elektrizitätsquelle mit sehr geringem Innenwiderstand. Autobatterien oder andere konfektionierte Reihe-Schaltungen von Bleizellen sind von vornherein ungeeignet, denn die Innenwiderstände der Einzelzellen addieren sich und die Wärmeentwicklung – sowohl im Akku als auch im Kabel – ist proportional zur Zahl der Zellen. Konkret ist eine Leistung von $12\text{V} \cdot 400\text{A} = 4{,}8\,\text{kW}$ ein Sicherheitsrisiko. Einzel-Akkumulatoren mit $2{,}2\,\text{V}$ Zellenspannung sind im Fachhandel in verschiedenen Größen erhältlich, z.B. Exide Typ 8 OGi 200 LA mit 200 Ah Kapazität, $0{,}85\,\text{m}\Omega$ Innenwiderstand und 17 kg Masse [33].

Der Blei-Akkumulator kann auch für ein Schülerexperiment verwendet werden. Ein 20 m langes Lautsprecherkabel mit 4mm^2 Querschnitt wird durch die Klasse gelegt und an beide Pole der Bleizelle angeschlossen. Bei $2{,}2\,\text{V}$ Spannung beträgt die Stromstärke $I = U/R = 2{,}2\text{V}/85\text{m}\Omega = 26\,\text{A}$. Schüler können gleichzeitig in aller Ruhe daran experimentieren, ggf. auch die Form des Feldes mit einer Kompassnadel untersuchen. Alternativ kann ein elektronisch stabilisiertes Netzgerät verwendet werden. Die maximale Stromstärke ist durch den Kabelquerschnitt bestimmt. Will man zu höheren Spannungen gelangen, weil das Netzgerät eine Minimalspannung hat, so muss man den Widerstand durch Verlängerung des Kabels erhöhen.

Abb. 9.4: *Labornetzteil mit zwei parallel geschalteten Ultrakondensatoren.*

Pflegeleichter als ein Blei-Akkumulator ist ein Ultrakondensator, der mit einem geeigneten Netzgerät aufgeladen wird [91], siehe Abbildung 9.4. Man erreicht 900 A bei 2 V für einige Sekunden (Abbildung 9.5). Ein damit gewonnenes Feldlinienbild zeigt Abbildung 9.6. Den Blei-Akkumulator wird man bevorzugen, wenn man aus didaktischen Gründen die chemische Reaktion als Teil des Stromkreises betonen möchte [77].

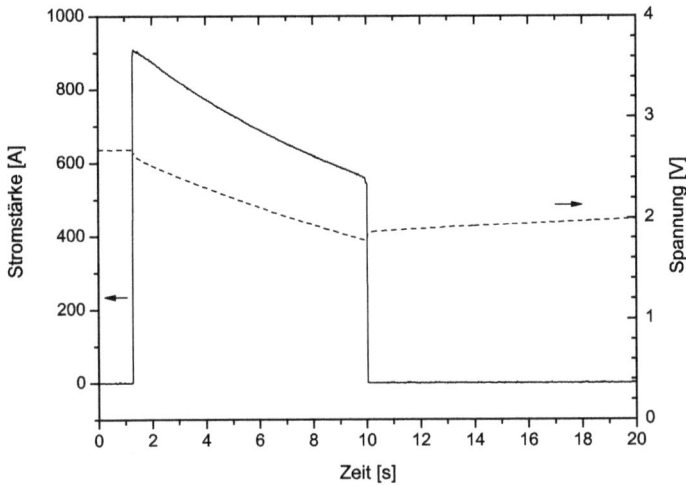

Abb. 9.5: *Zeitlicher Verlauf von Strom und Spannung bei Entladung eines Ultrakondensators mit 5200 F Kapazität.*

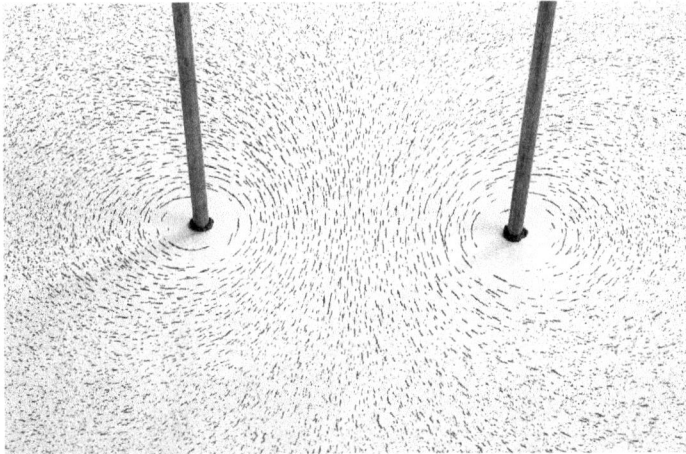

Abb. 9.6: *Feldlinienbild zweier Kupferleiter im Abstand von 120mm, welche antiparallel mit einem Strom von 600 A durchflossen werden.*

9.1.5   Thomson'scher Ringversuch

Der Thomson'sche Ringversuch ist eine attraktive Demonstration der Lenz'schen Regel, aber viele Aufbauten sind wegen der Verwendung von unzulässigen Bauteilen an Netzspannung äußerst problematisch. Ein berührungssicherer Aufbau ist mit einem Elektrolytkondensator möglich, der innerhalb von wenigen Millisekunden über eine Spule mit sehr geringem Widerstand mit einem Thyristor als Schalter entladen wird. Bei sorgfältiger Auslegung wird eine Sprunghöhe von zwölf Metern erreicht [150].

9.1.6   Induktion im Erdmagnetfeld

Induktion im Erdmagnetfeld ist ein schöner Freihandversuch, wenn man ein langes Kabel wie ein Springseil schwingt und die sinusförmige Spannung an den Kabelenden nachweist [9]. Die Induktionsspannung beträgt einige μV. Das lange Kabel wirkt als Antenne für elektromagnetische Wellen. Wenn man mit dem Oszilloskop arbeitet, muss zur Rauschunterdrückung an den Kabelenden ein Kondensator parallel geschaltet werden. Bei Messwerterfassungssystemen mit Verstärkermodul ist das nicht nötig, wenn die Grenzfrequenz des Verstärkers zu klein für das Einfangen elektromagnetischer Störungen ist.

9.1.7   Schwingkreis

Der gedämpfte Schwingkreis aus Spule und Kondensator kann mit dem Messwerterfassungssystem gezeigt werden. Die Anregung erfolgt durch Abschalten eines Netzgerätes, welches einen Gleichstrom durch die Spule antreibt, oder durch Anschalten eines geladenen Kondensators an die Spule. Man stellt man eine Triggerspannung ein, die nach dem Schaltvorgang unterschritten wird. Bei Anregung durch Spulenstrom kann die maximale Spannung im Schwingkreis ein Vielfaches der ursprünglich angelegten Spannung betragen, wenn die Kapazität relativ klein ist, siehe Abbildung 9.7.

Mit dem Oszilloskop kann man dynamisch zeigen, wie sich die Abklingkurve beim Einführen eines Eisenkerns in die Spule oder bei Erhöhung des ohmschen Widerstands ändert und das Probieren verschiedener Kombinationen von Spulen und Kondensatoren ist bequemer. Zur Anregung verwendet man einen Funktionsgenerator mit Rechteckspannung, die über eine Diode an des Schwingkreis angelegt wird. Die abfallende Flanke des Signals wirkt in Verbindung mit der Diode wie das Öffnen eines Schalters zwischen Schwingkreis und Generator. Die Periodizität des Ausschaltens ist ein perfekter Trigger für das Oszilloskop.

Man kann Spule und Kondensator nicht beliebig variieren. Ein große Kapazität entspricht einer weichen Feder des mechanischen Oszillators – der naive Gedanke, dass eine große Ladung in einer großen Kapazität das Experiment vereinfache, ist falsch. Eine große Induktivität L bedingt einen großen Widerstand R des Spulendrahtes. Die Dämpfungskonstante $R/2L$ entspricht der Kreisfrequenz des aperiodisch gedämpften Schwingkreises; sie liegt für gewöhnliche Laborspulen im Bereich $100\,\mathrm{s}^{-1}$ bis $500\,\mathrm{s}^{-1}$ und hängt übrigens bei gegebener Bauform kaum von der Windungszahl ab. Man sollte bei einem Demonstrations-Schwingkreis mit der Kreisfrequenz ω_0 weit in den kHz-Bereich gehen.

Der Aufbau eines Schwingkreises mit Periode im Bereich einer Sekunde und Drehspulinstrumenten zur Anzeige von Strom und Spannung ist eine technische Herausforderung, die am besten mit einer eigens dafür hergestellten Spule mit geschlossenem Eisenkern und besonders kleiner Dämpfungskonstante $R/2L < 0{,}3\,\mathrm{s}^{-1}$ bewältigt wird.

9.1.8   Hochspannungsfernleitung – berührungssicher

Ein verbreiteter Demonstrationsversuch zum Transformator ist die Überwindung eines Leitungswiderstandes durch Hochtransformieren einer Spannung von $24\,\mathrm{V}$ auf $1000\,\mathrm{V}$

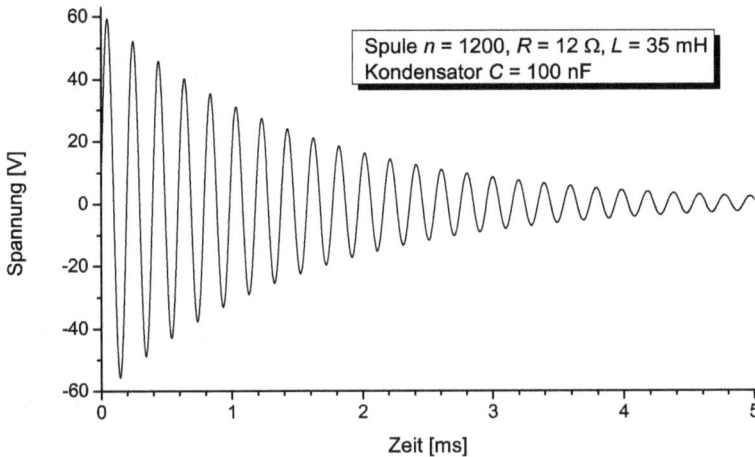

Spule n = 1200, R = 12 Ω, L = 35 mH
Kondensator C = 100 nF

Abb. 9.7: *Spannungskurve eines Schwingkreises nach Anregung der Spule mit Taschenlampenakku 1,3 V. Man beachte die Spitzenspannung von mehr als 60 V.*

oder mehr. Eine Glühlampe leuchtet nicht, wenn sie mit Spezialkabeln an ein Netzgerät mit Nennspannung angeschlossen wird; erst wenn man die Spannung vor dem Kabel hoch- und am anderen Ende des Kabel heruntertransformiert, leuchtet die Glühlampe. Dieser Versuch kann lebensgefährlich werden, wenn man Spulen mit geringem Innenwiderstand verwendet. Absolut sicher und für Schüler geeignet wird das Experiment, wenn man die hohe Spannung auf 24 V festlegt und die niedrige Spannung auf 2,5 V setzt; geeignete Glühlampen mit dieser Nennspannung sind im Elektronikversand erhältlich. Es gibt zwar Glühlampen für noch geringere Spannungen bis 1,2 V, aber der übliche Stelltransformator als Wechselstromquelle ist bei dieser Spannung nicht belastbar. Die Dimensionierung des Experiments ist prinzipiell einfach: Der Widerstand der Zuleitung muss mindestens so groß wie der Widerstand der Lampe sein, und der Widerstand der Spule im Lampenkreis muss klein gegen den Lampenwiderstand sein. In der Praxis muss man etwas probieren; eine funktionierende Kombination mit einfachen Zutaten ist die folgende: Als Zuleitung dient eine Messleitung mit 0,14 mm^2 Querschnitt und 23 m Länge. Deren Widerstand beträgt 2,8 Ω und ist genauso groß wie der Widerstand von drei parallel geschalteten Glühlampen 2,5 V/0,3 A. Direkt am Stelltransformator leuchten die Birnchen hell auf, am Ende der langen Zuleitung sieht man nur ein schwaches Glimmen. Eine Lampe allein leuchtet noch ganz passabel; daran sieht man, dass die Länge der Leitung an sich kein Problem ist, sondern nur der Spannungsabfall bei hoher Stromstärke. Mit einem Aufbautransformator aus 75 Windungen primär und 900 Windungen sekundär erhält man eine Spannung von rund 24 V; mit der gleichen Spulenkombination in umgekehrter Reihung wird wieder auf 2,5 V heruntertransformiert. Zwischen den beiden Transformatoren wird das lange Kabel eingefügt, und trotzdem leuchten noch alle drei Lampen auf der Sekundärseite des zweiten Transformators. Nähme man Spulen mit mehr Windungen bei vergleichbarem Windungsverhältnis, so würde der Versuch nicht funktionieren, da der ohmsche Widerstand der Spulen zu groß wäre. Immerhin haben die Spulen mit 900 Windungen im Hochspannungskreis bereits einen Widerstand von zusammen $12\,\Omega$, der deutlich größer ist als der Widerstand des Verbindungsdrahtes. Mit dünneren und längeren Drähten könnte man den elektrischen Aspekt weiter optimieren, aber solche Drähte sind unhandlich und empfindlich.

9.1.9   Elektroschweißen

Komplementär zur Hochspannungstransformation ist das Elektroschweißen, bei dem die Sekundärseite des Transformators weniger Windungen als die Primärseite hat. Meist wird das Schmelzen eines Nagels gezeigt, der eine Spule mit 6 Windungen kurzschließt; als Primärspule wird eine netzgekoppelte Spule empfohlen. Letztere stellt ein erhebliches Sicherheitsrisiko dar, besonders wenn die Schulsammlung nicht über ein neueres Modell mit Schuko-Stecker und Schalter verfügt. Der Versuch gelingt ebenso gut mit 24 V Wechselspannung aus einem Kleinspannungsstelltransformator. Für die Primärspule nimmt man 75 Windungen; dann ist die Impedanz gerade so groß, dass die maximale Leistung aus dem Netzgerät entnommen werden kann. Die Stromstärke sollte kontrolliert werden, damit der Grenzwert von 10 A nicht zu weit überschritten wird. Der Nagel hat einen Durchmesser von 2 mm. Da die Sekundärspannung weniger als 2 V beträgt, spielen Kontaktwiderstände eine große Rolle. Gegebenenfalls sind die Spulenkontakte und der Nagel blank zu feilen. Das Experiment gewinnt erheblich an Lebensbezug, wenn nicht ein Nagel zerstört, sondern zwei Nägel miteinander verschweißt werden. Dazu feilt man die Nagelspitzen komplett ab und bringt die beiden Eisenzylinder in Kontakt. Wenn der Stromfluss nicht sofort einsetzen sollte, klopft man leicht auf den oberen Nagel. Nach wenigen Proben findet man den Zeitpunkt, zu dem die richtige Menge Eisen geschmolzen ist, so dass eine mechanisch belastbare Verbindung entsteht.

9.1.10   Elementarladung nach Millikan

Die Demonstration der Landungsquantisierung mit der Öltröpfchenmethode durch ein Schulgerät gilt als technische Herausforderung. Die bewusste Auswahl besonders langsamer Tröpchen ermöglicht längere Messzeiten sowie das Abwarten der Beschleunigungsphase nach dem Umschalten des elektrischen Feldes. Eine systematische Anleitung zur Optimierung findet man bei [97].

9.1.11   Franck-Hertz-Versuch

Der Franck-Hertz-Versuch ist meist als Komplettversuch aufgebaut. Für die Auswertung wird auf eine wenig bekannte, aber wichtige Arbeit verwiesen, in der gezeigt wurde, dass die üblichen Ungenauigkeiten an methodischen Fehlern lagen [114]. Mit den Schulgeräten lässt sich nicht nur die richtige Übergangsenergie, sondern auch die mittlere freie Weglänge im Quecksilberdampf bestimmen.

9.2   Optik

9.2.1   Didaktische Vorbemerkung

Experimente mit Licht stellen besondere Herausforderungen, wenn die Vorstellung von singulären Objekt- und Bildpunkten im Strahlenmodell auf der einen Seite und die Realität ausgedehnter Objekte und Bilder auf der anderen Seite nicht bewusst ist. Es wird vielfach angenommen, dass das Licht entlang der Strahlen transportiert werde und erwartet, dass Linsen „das Licht bündeln". Zur begrifflichen und praktischen Vertiefung einer Alternative zur konventionellen Begriffsbildung der Optik wird auf die Fachliteratur zur phänomenologischen Optik verwiesen [42, 43, 79, 80, 129]. Hier soll es genügen, drei einfache Situationen aus dem Erfahrungsschatz des Experimentierpraktikums zu besprechen: i) Man versuche, das Licht einer Laborleuchte mit einer Linse zu parallelisieren. Es wird vielfach erwartet, dass man beim richtigen Abstand Lampe–Linse einen hellen Fleck etwa in Linsengröße auf einem entfernten Schirm sehe, tatsächlich erscheint aber ein großes Abbild der Glühwendel. Der Versuch, mit einer weiteren Linse das Licht stärker zu bündeln, macht das Bild größer und unscharf. Man bekommt es durch Heranziehen der Lampe zwar scharf, aber es wird noch größer als vor dem Einfügen der zusätzlichen Linse. ii) Man kann bei einer Abbildung gefahrlos einen Teil der Linse abdecken, ohne dass man den Umriss des Hindernisses im Bild sehen könnte (ist die Abdeckung periodisch, so tritt Interferenz auf). Mit der Vorstellung des strahlenförmigen Transports von Licht wird ein scharfer Schatten erwartet, was der Beobachtung widerspricht. iii) Bei einer Abbildung einer Kerzenflamme kann man das Bild nicht verkleinern, wenn man in der Bildebene eine weitere Linse anordnet. Diese Beobachtungen widersprechen der Vorstellung vom Bündeln (vornehm: *Fokussieren*) des Lichts.

9.2.2   Optisches Justieren

Alle Komponenten einer optischen Apparatur müssen auf die optische Achse zentriert sein und den richtigen Abstand voneinander haben; zudem müssen unerwünschte Rotationsfreiheitsgrade wie Verkippung einer Linse unterbunden werden. Die Überprüfung der Lichtverteilung im Bereich der freien Öffnung der Komponenten mit einem Papierschnipsel oder kleinen Karton (Visitenkarte) ist eine Standardmethode im optischen Labor. Hier erkennt man seitliche Verschiebungen und falsch eingestellte Bildebenen sowie Hinweise auf ungeeignete Brennweiten oder Öffnungen. Bei großer Intensität verschafft ein schwarzer Karton einen Überblick, ohne dass man die Lampe dimmen muss.

Beim Durchblick durch eine Apparatur entlang der optischen Achse, ggf. mit stark abgeschwächter Lampe, erkennt man gut, ob die Komponenten ordentlich zentriert sind. Die Quellen unerwünschten Streulichts werden leicht entdeckt. Bei Fernrohr-Konstruktionen, wie sie u.a. in der Spektroskopie häufiger verwendet werden, wird deutlich, dass vor allem das betrachtete Objekt vor dunklem Hintergrund angeordnet sein muss; die seitliche Abschirmung mit Pappen, Röhren oder dergleichen ist hingegen nur in Ausnahmefällen notwendig.

9.2.3   Schattengrenze

Die Schattengrenze, welche durch Verdeckung einer punktförmigen Leuchte mit einem
Schirm entsteht, entspricht dem geometrischen Ordnungselement *optischer Weg* oder
Lichtstrahl. Die feinen Grenzen geben die Verhältnisse überzeugender und vollständiger
wieder als ein Laser oder eine Richtleuchte mit mehreren Strahlenbüscheln. Abbildung
9.8 zeigt die Brechung an einer Wasseroberfläche.

Abb. 9.8: *Schattengrenzen an einer Luft-Wasser-Grenzfläche im Aquarium. Die Halogenlampe ohne Kondensor befindet sich außerhalb des Bildes und wirft einen Schatten am Rand
des Aquariums. Die eigentliche Schattenwand ist im linken Bildteil sichtbar. Man beachte die
Oberflächenreflexion auf der rechten Seite, eine Erscheinung, die beim Zeigen mit dem Laserpointer allzu leicht übersehen wird.*

Für Schattendemonstrationen verwendet man eine kleine Lampe mit hoher Leuchtdichte. Die Schärfe des Schattens ergibt sich aus dem Blickwinkel, unter dem die Leuchte
vom Schattenwerfer aus gesehen erscheint. Eine Halogenbirne ohne Kondensor leistet
gute Dienste. Legt man die lange Achse der Wendel bewusst senkrecht zur Projektionsfläche, so wird der Schatten ggf. um einen Faktor 2 schärfer. Mit dem nur 1mm breiten
Gasentladungskanal der Xenarc-Lampe erreicht man eine weitere Verbesserung.

9.2.4   Halbschatten

Demonstration eines ausgedehnten Halbschattens wie z.B. bei einem Modell der Mond-
finsternis, erfordert eine Lampe, deren Größe gegenüber der Abstände im Modell nicht
vernachlässigbar ist. Es ist unabdingbar, dass die Lampe eine homogene Leuchtdichte hat. Mattglaslampen in Kugelform sind geeignet und aus didaktischer Sicht auch
zu bevorzugen, aber die Beleuchtungsstärke auf Wänden und Projektionsschirmen ist
relativ gering. Bei der Laborleuchte mit Kondensor ist die Oberflächenhelligkeit sehr
viel größer und noch in mehreren Metern Abstand erreicht man eine helle Projektion,
welche allerdings Strukturen durch die Linsenwirkung des Kondensors enthält. Durch
eine Streuscheibe aus gewöhnlichem Mattglas, wie man es im Fachgeschäft für Glas
und Einrahmungen bekommt, wird die räumliche Kohärenz des Lampenlichts reduziert
und der beleuchtete Teil des Mattglases wirkt in Richtung des Projektionsbildes wie
eine homogen leuchtende Fläche. Abbildung 9.9 zeigt die Unterschiede zwischen einer
Lampe mit Kondensor und mit zusätzlichem Mattglas.

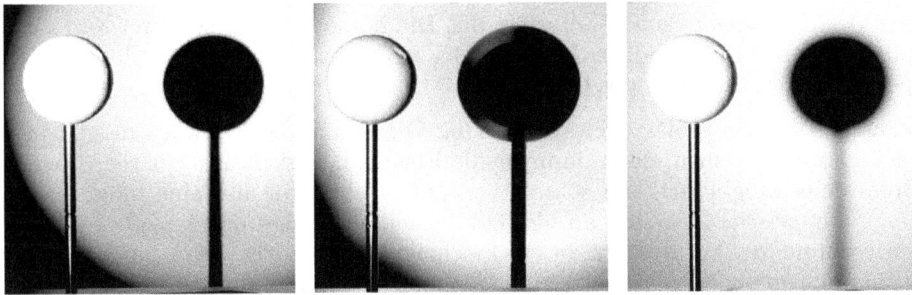

Abb. 9.9: *Halbschatten einer Kugel. Links: Beleuchtung mit Laborleuchte, bei der die Lampe nah am Kondensor steht. Mitte: Beleuchtung mit Laborleuchte, bei der die Lampe nach hinten gezogen ist – der Halbschatten entspricht zwar der naiven Vorstellung aufgrund der didaktisch mangelhaften Skizzen in Schulbüchern, aber er ist das Resultat der ringförmigen Einfassung des Kondensors. Rechts: Mit Laborleuchte und Mattglas erzielt man einen weichen Übergang im Halbschattenbereich, wie er auch im Sonnenlicht beobachtet wird.*

9.2.5 Diaprojektor

Der Diaprojektor projiziert das Bild eines leuchtenden Objektes auf einen Schirm. Er wird hier als Prototyp von Projektoren aller Art angesehen. Jede optische Demonstration auf einem Schirm basiert auf den hier geschilderten Prinzipien.

Der Diaprojektor besteht aus vier wesentlichen Bauteilen, nämlich der Lampe, dem Kondensor, dem Dia und dem Projektionsobjektiv. Während die Funktion von Lampe und Projektionsobjektiv unmittelbar einsichtig ist, erscheint der Kondensor als technisches Detail. Wir beginnen daher mit folgendem Versuch: Man betrachte eine Kerzenflamme durch eine Linse. Je nach Abständen Kerze–Linse–Auge erscheint die Kerzenflamme unterschiedlich groß und unscharf. In einem bestimmten Abstand, der sogenannten Verschwimmweite, ist die Linse vollständig vom Licht der Kerzenflamme erfüllt. In dieser Konfiguration kann ein zweiter Beobachter feststellen, dass auf dem Auge des Betrachters ein scharfes Bild der Kerze erscheint. Die dem Betrachter erscheinenden Bilder sind in Abbildung 9.10 gezeigt.

Man betrachte ein Dia oder ein anderes halbtransparentes Objekt vor einer Kerzenflamme. Nur ein kleiner Teil des Dias ist erkennbar, nämlich der Teil, durch den die Kerzenflamme sichtbar ist. Eine größere Kerzenflamme würde einen größeren Bereich des Dias sichtbar machen, aber damit stößt man auf praktische Probleme. Darüber hinaus ist die Kerzenflamme in sich nicht homogen. Besser ist es, eine hinreichend große Linse in der Verschwimmweite zum Auge zu positionieren und das Dia direkt vor die Linse zu stellen. Dann ist das Dia vollständig und homogen ausgeleuchtet, der Betrachter erkennt alle Details auf dem Dia. Mit der Kenntnis über den Aufbau des Auges können wir folgern, dass auf der Netzhaut des Betrachters ein scharfes Bild des Dias ist, während auf der Hornhaut (Oberfläche der Augenlinse) ein scharfes Bild der Kerze ist. Beim Diaprojektor übernimmt der Schirm die Rolle der Netzhaut und das Projektionsobjektiv entspricht der Augenlinse, wie in Abbildung 9.11 skizziert ist. Die Linse zwischen Lampe und Dia ist der Kondensor. Offensichtlich kommt es auf die

Position des Kondensors genau an, wenn das Dia homogen ausgeleuchtet sein soll, und das Dia muss nahe am Kondensor stehen. Der Kondensor erzeugt ein scharfes Bild der Lampenwendel im Zentrum des Objektivs.

Der Kondensor muss größer sein als das Dia. Gleichzeitig soll er auch möglichst nahe an der Lichtquelle stehen, denn dann ist die Flächenhelligkeit am größten. Dazu muss die Brennweite möglichst klein sein. Insgesamt strebt man also eine möglichst große Öffnung (*numerische Apertur*) an. Abbildungsfehler werden durch asphärische Oberflächen vermindert. Auf den ersten Blick scheint das unnötig, denn die Lampe (bzw. Kerzenflamme im o.g. Experiment) soll ja nicht scharf, sondern unscharf erscheinen. Für sphärische Linsen hängt die Verschwimmweite vom Abstand von der optischen Achse ab (*sphärische Aberration*), so dass bei großer Öffnung keine homogene Ausleuchtung möglich ist. Ein perfekt unscharfes Bild ist nicht wesentlich leichter zu erzielen als ein perfekt scharfes Bild!

Abb. 9.10: *Funktion des Kondensors am Ort des Beobachters: Im mittleren Bild ist die Linse in Verschwimmweite angeordnet.*

Die Realisierung des unteren Falls in Abbildung 9.11 zeigt Abbildung 9.12. Zur Verdeutlichung wurde ein Kondensor mit relativ großer Brennweite verwendet. Dia, Kondensor und Objektiv bleiben ortsfest, während die Halogenlampe im Schutzgehäuse verschoben wird. Nach diesem Prinzip sind auch viele Richtleuchten der Lehrmittelhersteller aufgebaut. Abbildung 9.13 zeigt die homogene Helligkeit in der Ebene des Dias in der Nähe des Kondensors, welche unabhängig ist von der Entfernung der Lampe. Der Kondensor entfaltet seine abbildende Wirkung erst im Abstand der Gegenstandsweite im Zentrum des Projektionsobjektivs, wo die Details des Dias vollkommen im Bild der Wendel untergehen. Hier sieht man übrigens, wie das eingangs kritisierte Lichttransportmodell versagt.

Wenn man den Diaprojektor im engeren Sinne zum Projizieren von Dias verwendet, sollte man das Dia vor übermäßiger Erwärmung schützen, und zwar durch einen Wärmeschutzfilter aus einem alten Gerät oder durch Verwendung einer Lampe mit maximal 50 W Leistung bei voller Ausleuchtung des Dias. Aufnahmen von der Digitalkamera kann man auf Diafilm ausbelichten lassen [44], so dass man eigene Motive für den Unterricht verwenden kann.

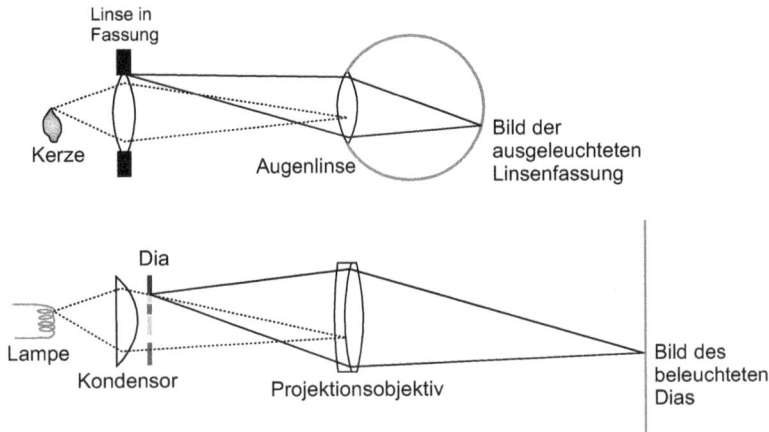

Abb. 9.11: *Analogie zwischen eingebundener Beobachtung eines hinterleuchteten Objekts (z.B. Linsenfassung in Abbildung 9.10) und der Projektion des Bildes eines ausgeleuchteten Dias. Optische Wege zwischen Objekt- und Bildpunkten des betrachteten Objektes sind durchgezogen, optische Wege zwischen einem Punkt der Lampe und deren Bild auf der Augen- bzw. Projektionslinse sind gestrichelt eingezeichnet.*

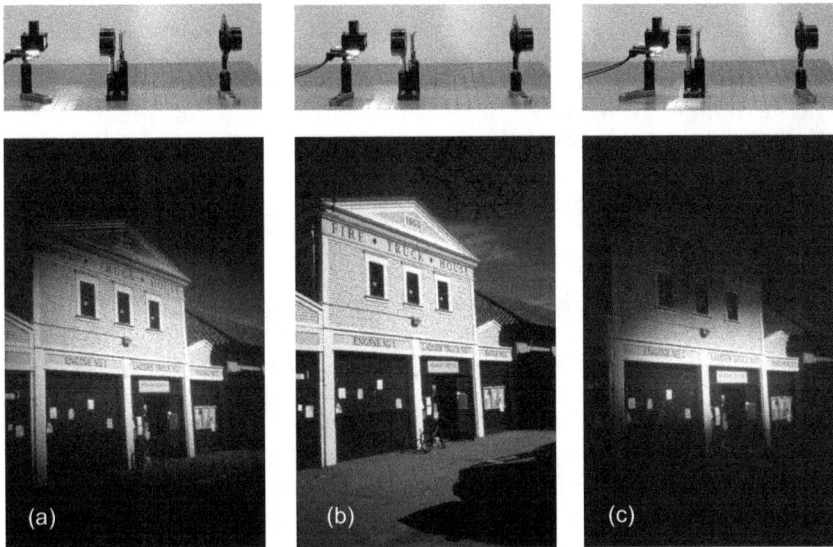

Abb. 9.12: *Einfluss des Abstands Lampe-Kondensor auf die Ausleuchtung eines Dias. Die Halogenlampe befindet sich links. (a) Die Lampe ist zu weit vom Kondensor entfernt. (b) Optimale Stellung, der Kondensor bildet die Lampe in das Zentrum des Projektionsobjektivs ab. (c) Lampe ist zu nah am Kondensor. In der Praxis muss vor der Optimierung der Ausleuchtung die eigentliche Abbildung Dia – Projektionsschirm bereits scharf eingestellt sein.*

Abb. 9.13: *In der Nähe des Kondensors ist das Dia stets homogen beleuchtet, wie auf dem Schirm in Schattenprojektion sichtbar ist. Rechts: Scharfes Bild der Lampenwendel auf dem Blendenring des Projektionsobjektivs bei korrekter Einstellung des Kondensors. Normalerweise ist die Wendel nicht so deutlich zu sehen, weil die Öffnung im richtigen Projektor größer ist.*

9.2.6   Tageslichtprojektor

Der Tageslichtprojektor (Overheadprojektor, OHP) ist ein vielfach im Unterricht verwendetes Gerät, dessen sachgerechte Benutzung nie systematisch erlernt wird. Es sei daher beiläufig erwähnt, dass der Abstand Kondensor–Lampe durch eine Stellschraube justiert werden kann, um die Projektionsfläche homogen auszuleuchten. Farbige Ränder oder Schatten können also wegjustiert werden. Wenn man schon dabei ist, sich die Sache bei geöffnetem Gehäuse und gezogenem Netzstecker anzuschauen, wird man auch die Ersatzlampe erkennen, die man bei Bedarf einschwenken kann. Bei besseren Geräten kann das Projektionsobjektiv um die horizontale Achse parallel zur Schnittlinie von Objekt- und Bildebene geneigt werden; damit kann man das Bild auch bei starker Aufwärtsneigung mit trapezförmiger Bildverzerrung auf der ganzen Ebene scharf stellen.

9.2.7   Additive Farbmischung mit Lampen

Die Mischung von drei Primärfarben zu weißem Licht ist in der Praxis oft schwierig zu realisieren, weil die Abstimmung der drei Lichtquellen in Bezug auf Größe, Farbton und Intensität aufwändig ist. Mit dem in Abbildung 9.14 dargestellten Aufbau gelingt die Demonstration automatisch. Man geht von weißem Licht, z.B. von einem Diaprojektor aus, und verwendet dichroitische Spiegel als Kurzpass- und Langpassfilter, welche speziell für diesen Zweck hergestellt werden [113, 139]. Der Langpass transmittiert den grünen und roten Bereich des Spektrums, während der blaue Anteil reflektiert wird und den farbigen Kreis links unten im Projektionsbild bildet. Der Kurzpass transmittiert den grünen Anteil (und theoretisch auch den blauen, der aber nicht mehr enthalten ist). Der Reflex bildet den roten Kreis rechts unten. Das verbleibende grüne Licht wird mit einem gewöhnlichen Spiegel reflektiert. Durch Änderung der Reflexionswinkel kann der Spektralbereich der Reflexion verändert werden; dabei bleibt der zentrale Fleck immer weiß, weil kein Licht absorbiert wird. Das Experiment zeigt überzeugend,

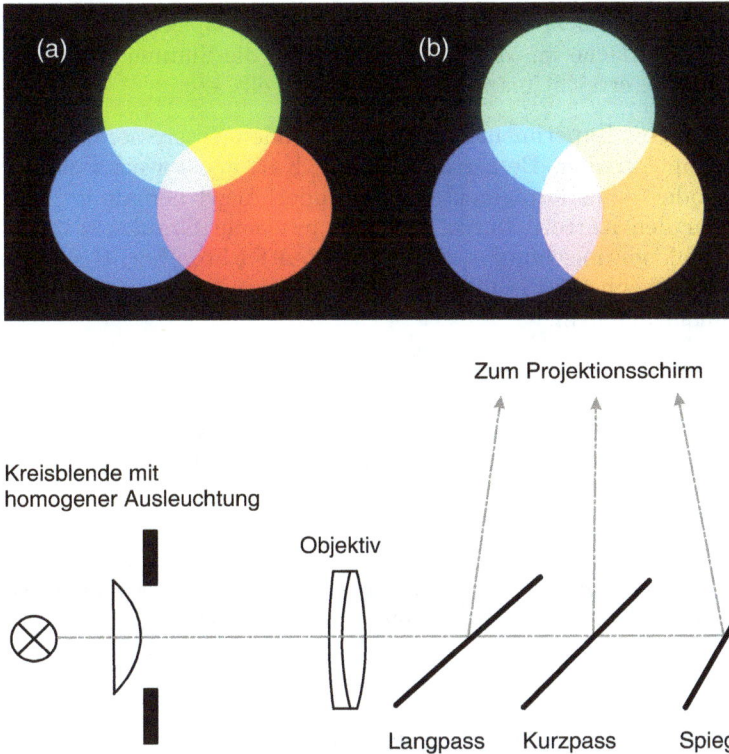

Abb. 9.14: *Separation von Weißlicht in Primärfarben mit dichroitischen Kurzpass- und Lang-passfiltern sowie anschließende Überlagerung.*

dass die Grundfarben der additiven Mischung nicht eindeutig festgelegt sind. Manche Kombinationen geben gute Gelbtöne (a), andere stark gesättigte Cyantöne (b). Ferner kann man die Herstellung von weiß aus zwei Komplementärfarben zeigen, indem man einfach einen der beiden dichroitischen Spiegel entfernt. Man versuche, dieses Experiment mit Einzellichtquellen und Bandpassfiltern nachzubauen. Im Vergleich wird man feststellen, dass der oben vorgeschlagene Aufbau erheblich sattere und hellere Farben hervorbringt. Die Grundfarben sind also nicht durch einen besonders schmalen Spektralbereich ausgezeichnet, wie oft suggeriert wird, sondern basieren auf einem Spektralbereich optimaler Breite. Für Einzelheiten siehe [89].

9.2.8 Additive Farbmischung mit Farbkreisel

Die additive Mischung durch periodisch bewegte Farbfelder auf einem Farbkreisel (oder einem Zylinder) ist ein attraktives und oft empfohlenes Schülerexperiment. Leider sprechen viele Anleitungen davon, dass eine Mischung komplementärer farbiger Flächen *weiß* ergeben, oder *fast weiß unter heller Beleuchtung*, oder was auch immer. Selten ist von grau die Rede, obwohl der drehende Kreisel so grau ist wie ein Elefant in praller

Sonne. Da jede farbige Fläche nur einen Teil des weißen Spektrums reflektiert, reflektiert auch die ganze Fläche im Mittel nur einen Teil, die Summe ergibt grau. Mit der analoger Begründung erreicht man nur braun statt gelb, etc.

Für Künstler ist dieses Experiment von herausragendem Interesse, weil praktische Erfahrungen bestätigt werden. Besser als farbiger Karton ist weißer Karton, der mit Aquarellfarben oder Künstlerpigmenten in Öl oder Acryl bemalt ist; 9.15 zeigt ein Schnittmuster für den Karton. Durch Vergleich mit einer Graukarte kann man beurteilen, ob eine Schleudermischung einen bestimmten Farbton hat. Graukarten sind im Photo- und Video-Fachhandel erhältlich, sie reflektieren 18% des einfallenden Lichtes und sind absolut farbneutral.

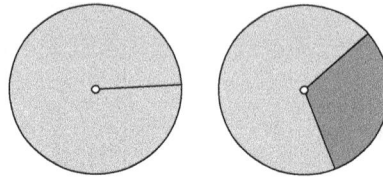

Abb. 9.15: *Schnittmuster für Farbscheiben (links). Der Farbanteil der ineinandergesteckten Kartons (rechts) kann durch Drehung gegenander geändert werden.*

9.2.9   Fresnel-Beugung an Kanten

Es hat sich eingebürgert, Beugung mit dem Laser zu demonstrieren. Leider zeigt die Erfahrung, dass bei dieser Wahl monochromatisches Licht oder sogar der Laser selbst als experimentelle Voraussetzung gedacht wird. Die Vermeidung solcher Fehlvorstellungen ist der Grund für die ausführliche Besprechung von Beugungs- und Interferenzexperimenten im thermischen Licht.

Eine Schattengrenze ist um so schärfer, je kleiner die Lampe aus Sicht des Beobachters erscheint. Bei genauerer Betrachtung von scharfen Schattengrenzen nimmt man die Beugung wahr. Im Labor bewähren sich fadenförmige Lichtquellen, mit denen man die Beugung in der Ebene der schmalen Ausdehnung beobachtet; diese lassen sich durch einen variablen Spalt mit homogener Ausleuchtung realisieren. Dieser Spalt heißt Kohärenzspalt, weil mit ihm die räumliche Kohärenz der Leuchte eingestellt werden kann. Der prinzipielle Aufbau zur Demonstration der Beugung an einer Kante ist in Abbildung 9.16 gezeigt. Für die Projektion auf einen Schirm ist eine Lichtquelle mit möglichst hoher Leuchtdichte notwendig, z.B eine HBO oder eine 35 W Xenarc-Lampe. Damit erzielt man hellere und specklefreie, mithin viel schönere Bilder als mit einem Laser, siehe Abbildung 9.17. Der Kontrast der Beugungsstreifen wird größer, wenn der Kohärenzspalt geschlossen wird. Es gibt ein subjektives Optimum für Helligkeit und Kontrast, welches man leicht am Kohärenzspalt einstellen kann; dieses hängt von der Art des Beugungsobjektes ab. Entscheidend ist der Blickwinkel, unter dem die Lichtquelle erscheint; $\alpha = 0{,}01°$ bzw. $\tan\alpha = 1{:}6000$ ist ein guter Ausgangspunkt für die subjektive Optimierung.

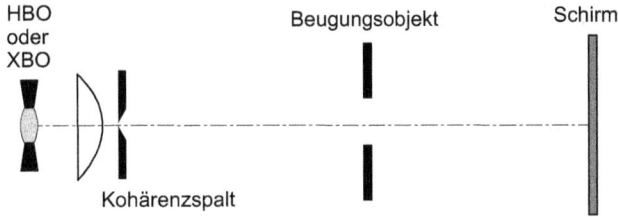

Abb. 9.16: *Aufbau zur Beobachtung der Fresnel'schen Beugung an einer Kante oder einem breiten Spalt.*

9.2.10 Fresnel-Beugung im Sonnenlicht

Die Sonne erscheint unter einem Winkel $\alpha = 0,5°$, entsprechend $\tan\alpha = 1{:}115$. An Schattengrenzen im direkten Sonnenlicht kann man Beugungsphänomene nur bei besonders geformten Hindernissen erahnen, mehr nicht. Die räumliche Kohärenz des Sonnenlichts kann sehr einfach erhöht werden: Man bohrt in das Verdunklungsrollo des Physiksaals ein kleines Loch. Das Bild der Sonne, welches nach dem Prinzip der Camera obscura entsteht, fällt auf einen Schirm. Die räumliche Kohärenz auf der optischen Achse steigt in dem Maße, wie das Sonnenbild größer als das Loch ist. Man kann zwischen Loch und Schirm Beugungsobjekte einbringen und die Fresnel-Beugung am Ort des vorherigen Sonnenbildes beobachten. Wegen der typischerweise großen Entfernungen von einigen Metern können die Beugungsobjekte recht groß sein. Wenn vor dem Fenster verstellbare Lamellen sind, kann man ggf. die Durchführungen der Halteschnüre anstelle des künstlich hergestellten Loches nutzen; es entstehen Sonnenbilder in so großer Zahl, dass die ganze Klasse gleichzeitig experimentieren kann.

9.2.11 Doppelspalt-Versuch nach Young

Der Doppelspalt-Versuch gilt als eines der schönsten Experimente der Physikgeschichte und daher ist es reizvoll, die Beobachtungen historisch korrekt im Sonnenlicht zu machen. Bei Regenwetter verwendet man eine Spaltlampe wie in Abbildung 9.16. Man wandert mit dem Schirm entlang der optischen Achse. Im Nahfeld sieht man die beiden Lichtbänder hinter dem Spalt, im Fernfeld überlagern sich diese und zeigen die charakteristischen Interferenzstreifen, siehe Abbildung 9.18.

Einen Doppelspalt kann man sich selbst herstellen: auf einem einfachen Oberflächenspiegel aus Floatglas [7] werden mit der Klinge eines kleinen Schraubendrehers am Stahllineal zwei Linien nach Augenmaß gezogen. Die Linienbreite ist erstaunlich reproduzierbar, wenn man den richtigen Anpressdruck gefunden hat. An diesem Objekt kann zusätzlich die Beugung am doppelten Steg in Reflexion beobachtet werden.

Mit einem Glasplättchen vor einem der beiden Spalte zeigt man, dass die zeitliche Kohärenz von weißem Licht und auch der HBO-Lampe sehr klein ist, denn die Interferenzstreifen verschwinden. Spektrallampen mit geringem Druck emittieren Licht mit größerer zeitlicher Kohärenz.

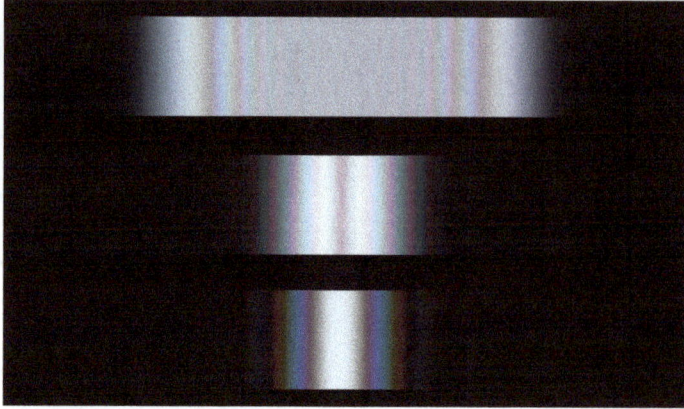

Abb. 9.17: *Fresnel-Beugung mit weißem Licht. Oben: breiter Spalt; unten: schmaler Spalt, entsprechend dem Fraunhofer-Limit; Mitte: Übergangsbereich. Das Farbenspiel im Zentrum der Beugungsfigur, welches beim Zusammenschieben des Spaltes beobachtbar ist, sollte man sich nicht entgehen lassen.*

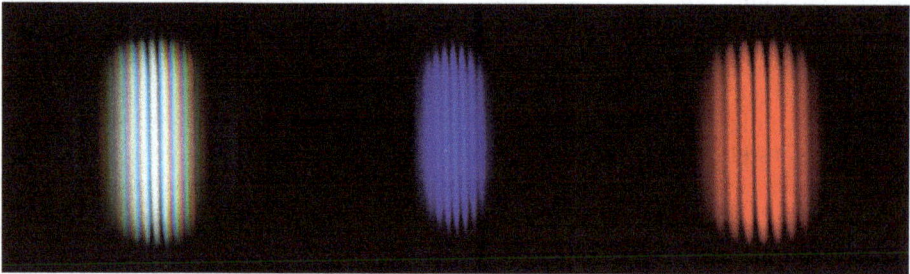

Abb. 9.18: *Interferenzfigur am Young'schen Doppelspalt im Fernfeld. Das Muster im weißen Licht sowie die unterschiedlichen Periodizitäten mit blauem und rotem Licht eingeschränkter spektraler Bandbreite können nacheinander mit dem selben Aufbau gezeigt werden.*

9.2.12   Beugung ohne Kohärenzspalt

Die Funktion des Kohärenzspaltes in den oben besprochenen Versuchen ist Schülerinnen und Schülern nicht ohne weiteres verständlich. Mit einer HBO 100 Quecksilberdampflampe kann man auf den Kohärenzspalt verzichten, wenn der Projektionsschirm mindestens einen Meter von der Lampe entfernt ist. Der Kondensor wird ausgebaut oder es wird eine zusätzliche Öffnung im Gehäuse genutzt. Die feste Installation des UV-Filters ist unabdingbar! Je nach Durchmesser der Öffnung steht ein quadratmetergroßes Feld zur Verfügung, in dem mehrere Schüler gleichzeitig die Beugungsfiguren an diversen Schattenblenden untersuchen können. Dieses an sich sehr attraktive Experiment sollte nur mit einer disziplinierten und zuverlässigen Klasse durchgeführt werden, denn der ungeschützte Blick auf den intensiven Lichtbogen ist gefährlich.

9.2.13   Fraunhofer-Beugung

Aus der allgemeinen Fresnel-Beugung wird der Spezialfall der Fraunhofer-Beugung, wenn der Abstand zur Quelle im Verhältnis zu ihrer Ausdehnung sehr viel größer ist als die Größe des Beugungsobjekt im Verhältnis zur Lichtwellenlänge, und wenn gleichzeitig auch der Beobachter so weit entfernt ist, dass der Abstand zum Beugungsobjekt im Verhältnis zu seiner Ausdehnung sehr viel größer ist als dessen Größe im Verhältnis zur Lichtwellenlänge. Die Fraunhofersche Beugungsbedingung ist für unendliche optische Abstände ideal erfüllt. Im Labor werden, vom Beugungsobjekt aus gesehen, die optischen Abstände zur Lampe und zum Beobachter unendlich groß, wenn diese sich jeweils hinter einer Linse im Abstand der Brennweite befinden.

Praktisch lautet die Anleitung: Man bilde den Kohärenzspalt scharf auf einen Schirm ab und stelle das Beugungsobjekt zwischen die Hälften einer zusammengesetzten Linse, siehe Abbildung 9.19. Vereinfachend kann man die beiden Linsen durch eine Linse kleinerer Brennweite ersetzen und das Beugungsobjekt direkt vor oder hinter die Linse stellen, ohne die Fraunhofer'sche Näherung substanziell zu verletzen. An Stelle des Schirms kann die Beugungsfigur mit einem Okular im Detail betrachtet werden, dann reicht auch eine kleine Halogenlampe zur Beleuchtung völlig aus.

Eine spezielle Erscheinung der Fraunhofer'schen Beugung ist das Airy-Scheibchen, welches in der Astronomie eine große Rolle spielt. Bei hoher Vergrößerung sieht man die Beugung der kreisförmigen Teleskopöffnung. Zur Demonstration ist der Aufbau in Abbildung 9.19 zwar grundsätzlich geeignet, aber in diesem Fall bietet sich an, die praktische Situation nachzustellen. Dazu nehme man eine Punktlichtquelle, z.B. Halogenlampe mit durchbohrter Alufolie als Modellstern in einigen Metern Abstand. Mit einem Teleskop, bestehend aus langbrennweitiger Linse ($f = 500\,\text{mm}$) mit variabler Iris ($2\,\text{mm}$ minimaler Durchmesser) und Okular ($f = 25\,\text{mm}$) wird der Modellstern betrachtet. Das Airy-Scheibchen wird größer und dunkler beim Schließen der Blende.

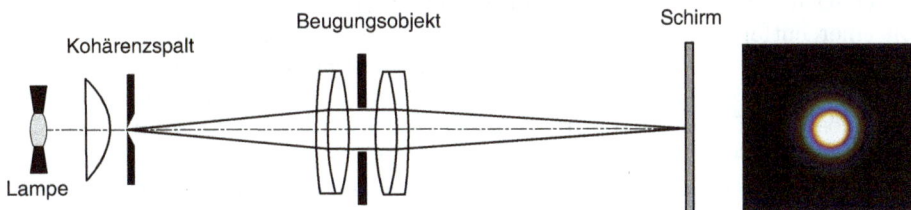

Abb. 9.19: *Aufbau zur Fraunhofer-Beugung; zwischen den Linsen sind die optischen Wege parallel. Rechts: Beugungsfigur einer Kreisblende (Airy-Scheibchen).*

9.2.14   Beugung mit eingebundenem Beobachter

Die Fraunhofer-Beugung an Spalten und Kreisblenden kann man leicht im eingebundenen Versuch sehen, wenn man geeignete Beugungsobjekte direkt vor das Auge hält. Das Auge übernimmt dann Linse und Schirm der Abbildung 9.19, während die unendlich entfernte Beleuchtung durch eine kleine Lampe in großer Entfernung genähert wird. Einen Vorschlag für einen variablen Spalt, den man als Klassensatz selbst herstel-

len kann, zeigt Abbildung 9.20. Kreisblenden stellen Schüler durch Bohren mit einer
Stecknadel in Alufolie her. Mit Geschick gelingt ein eng benachbartes Löcherpaar für
den Doppelspalt-Versuch. Als räumlich kohärente Lampe ist nicht nur eine entfernte
Straßenlaterne oder eine Laborlampe mit Spalt geeignet, sondern auch eine Kerze, die
in einigen Metern Abstand zu den Schülern auf dem Lehrerpult steht. Beugungsobjekte
für den konsequent phänomenologischen Zugang sind erhältlich bei [107].

Abb. 9.20: *Spalt aus Rasierklingen, auf Holzträger mit Befestigung durch NdBFe-Magnete.*

9.2.15   Optimale Blende der Camera obscura

Das Bild einer Camera obscura (Lochkamera) wird bei Verkleinerung der Öffnung
zunächst schärfer und dunkler, aber bei einer kritischen Größe der Öffnung wird die
Beugung relevant und eine weitere Verkleinerung macht das Bild wieder unscharf. Bei
der Abschätzung der optimalen Lochgröße geht man davon aus, dass die direkte Projektion einer entfernten Punktlampe, also der inverse Schattenwurf der Öffnung, etwa so groß ist wie der Durchmesser des Beugungsscheibchens. Mit der Bildweite b,
der Wellenlänge des Lichts λ und der in der Astronomie üblichen Definition für die
Winkelauflösung [152] ist die optimale Lochgröße $D_{CO,opt} = \sqrt{b\lambda}$, zum Beispiel 1 mm
Lochgröße bei 2 m Abstand des Projektionsschirms. Für die visuelle Beobachtung wird
man das Loch größer machen, weil der Vorteil der höheren Bildhelligkeit den Nachteil
der Unschärfe durch unzureichende geometrische Einschränkung überwiegt.

9.2.16   Michelson-Interferometer

Das Michelson-Interferometer ist interessant sowohl historisch in Bezug auf die Entstehung der Relativitätstheorie als auch wegen seiner Bedeutung in der Präzisionsmess-
technik. Ungeeignete Bauteile können sehr demotivierend für den Experimentator sein.
Mit den in Abschnitt 5.1 besprochenen spielfreien Stativstangen und Spiegelhaltern auf
Rasterplatte kommt man sicher zum Ziel. Eine 3 mm starke Edelstahlplatte auf Sperrholzplatte ohne Schwingungsdämpfung ist schon ausreichend. Als halbdurchlässiger
Spiegel wird ein 50 %-Strahlteiler-Würfel empfohlen, für den man keine Kompensati-
onsplatte braucht. Mit einem Laser als Lichtquelle ist das Michelson-Interferometer ein

attraktives Schülerexperiment [143]. In Hinblick auf die historische Bedeutung des In-
terferometers lohnt sich der Aufbau mit vollständig inkohärentem Licht. An Stelle des
Lasers kommt eine helle Fläche, die man mit dem Auge durch den freien Eingang des
Strahlteilerwürfels betrachtet (Abbildung 9.21 b). Die Längen der Interferometerarme
werden mit dem Lineal grob abgeglichen, indem ein Spiegel mit einem Verschiebetisch
entlang der optischen Achse bewegt wird. Die beiden Ansichten einer kreuzförmigen
Markierung werden auf der betrachtet Fläche übereinander gelegt, so dass die beiden
Spiegelräume schon annähernd aufeinander liegen (Abbildung 9.22). Dann wird mit
einer Quecksilber-Spektrallampe beleuchtet und durch feines Verkippen eines Spiegels
auf konzentrische Ringe justiert. Anschließend wird die Armlänge abgestimmt, indem
die konzentrischen Ringe möglichst groß gemacht werden. Die Quecksilberlampe wird
verdeckt und durch eine Halogenlampe ersetzt; man fährt behutsam mit dem Verschiebetisch, bis man zarte farbige Schimmer aufblitzen sieht, sonst wiederholt man
die Abstimmung mit der Quecksilberlampe. Die Stellung des Verschiebetisches wird
notiert, damit man die Position der abgeglichenen Armlängen leicht wieder findet.

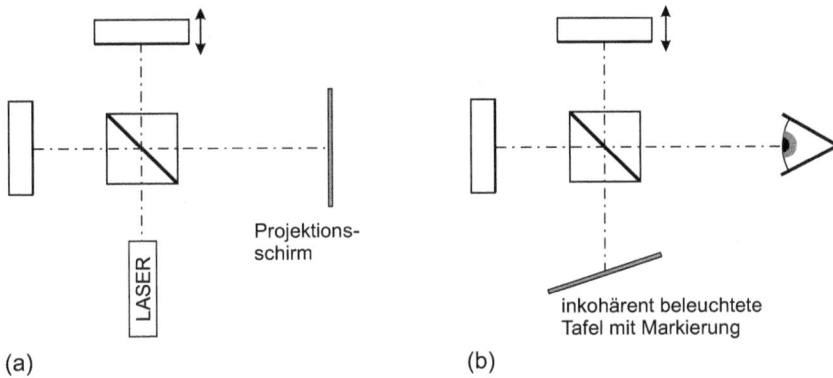

(a)   (b)

Abb. 9.21: *Michelson-Interferometer. (a) mit Laser, (b) mit inkohärenter Beleuchtung durch
Quecksilberdampflampe oder diffuses Tageslicht auf einer weißen Tafel.*

9.2.17   Beobachtungen mit dem Prisma

In elementaren Beschreibungen der Spektralzerlegung nimmt das Prisma eine zentrale
Rolle ein, und weitere Elemente des optischen Aufbaus erscheinen als Nebensache. Man
betrachte eine weiße Wand durch ein Prisma und stelle fest, dass diese homogen weiß
bleibt. Die prismatischen Farben treten nur an hell-dunkel-Übergängen auf. Ein Spezialfall ist der helle Punkt vor dunklem Hintergrund; dieser wird zu einem linienförmigen
Spektrum auseinandergezogen. Die Geometrie der optischen Wege in diesem Versuch
ist in Abbildung 9.23 gezeigt. In der Praxis verwendet man an Stelle des hellen Punktes
P eine fadenförmige Leuchte, die parallel zu den brechenden Flächen des Prismas ausgerichtet ist. Damit erhält man ein bandförmiges Spektrum. Ersetzt man das Tages-
oder Glühlicht durch eine Spektrallampe oder einen Laser, so erhält man kein Band,
sondern eine oder mehrere Linien. Der Begriff *Spektrallinie* kommt also unmittelbar
von der Form der Lampe, die man spektroskopisch untersucht.

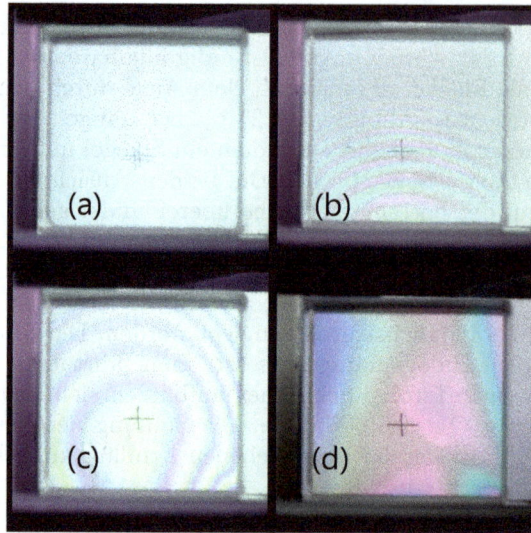

Abb. 9.22: *Justage des Michelson-Interferometers mit diffuser Beleuchtung durch Quecksilberdampflampe. (a) Die Kreuze der beiden Spiegelräume werden durch Verkippen eines Spiegels übereinander gelegt. (b) Interferenzringe nach feinerer Justage. Das Zentrum der Ringe wird in die Mitte gebracht. (c) Bei geringer werdender Armlängendifferenz werden die Ringe größer. (d) Weißlichtinterferenz im Tageslicht.*

Abbildung 9.24 zeigt den Projektionsaufbau mit Prisma. An Stelle des Auges des Beobachters treten die Projektionslinse und der Schirm, an Stelle des Punktes P eine intensiv leuchtender Faden aus Lampe, Kondensor und Spalt. Das Prisma muss so orientiert werden, dass die optischen Wege im Innern parallel zur Basis liegen. Dieser symmetrischer Durchgang entspricht dem Minimum der Ablenkung und ist somit leicht festzustellen.

Da der Faden durch das Prisma zum breiten Spektrum auseinander gezogen wird, ist nicht so leicht zu sehen, ob die Abbildung scharf ist. Wenn man einen drehbaren Spalt hat, wird dieser zur Justage um 90° gedreht, so dass die schmale Dimension des Spaltes ohne Dispersion scharf abgebildet werden kann. Ohne diese Möglichkeit kann man die Schärfe der Enden des Spaltbildes oder einer Beschädigung der Spaltkante optimieren.

Die geometrisch bedingte spektrale Auflösung $\Delta\lambda$ des Projektionsspektroskops mit Spaltbreite w, Brennweite f und Bildweite $b \gg f$ wird abgeschätzt durch

$$\Delta\lambda = \frac{w}{\delta f} \cdot 10^4 \text{nm} \tag{9.3}$$

mit $\delta = 0,7$ für ein 60°-Prisma aus BK7 bei 589nm ($\delta = 2,5$ für SF10), oder durch

$$\Delta\lambda = \frac{w}{\gamma f} \cdot 10^6 \text{nm/mm} \tag{9.4}$$

für ein Beugungsgitter mit γ Gitterlinien pro Millimeter.

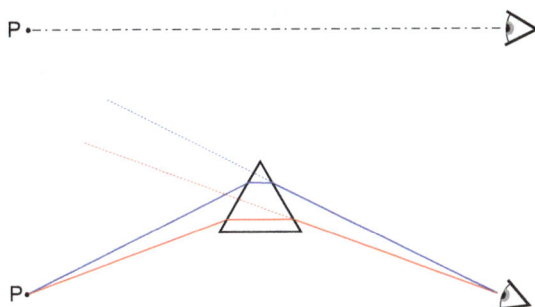

Abb. 9.23: Oben: Vom Auge des Betrachters führt genau ein optischer Weg zum Punkt P. Unten: Befindet sich ein Prisma zwischen dem Auge und dem Punkt P, so sind die optischen Wege für verschiedene Wellenlängen unterschiedlich. Der Beobachter nimmt an Stelle eines Punktes eine Linie in Spektralfarben wahr, die zwischen den gestrichelten Verlängerungen liegt.

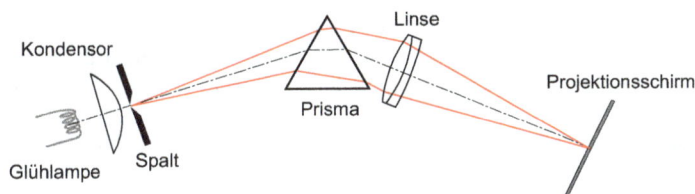

Abb. 9.24: Spektroskop zur Demonstration des thermischen Spektrums einer Laborleuchte. Zwei optische Wege, die zur Entstehung des scharfen Spaltbildes bei einer bestimmten Wellenlänge beitragen, sind eingezeichnet.

Abb. 9.25: Projektion eines thermischen Spektrums auf Aquarellpapier (oben). Auf gewöhnlichem Papier mit optischen Aufhellern überstrahlt deren bläuliche Fluoreszenz den violetten Spektralbereich (unten).

9.2.18   Projektion des thermischen Spektrums

Die Demonstration des Spektrums eines thermischen Strahlers scheint ein banales Standardexperiment zu sein. An diesem Beispiel soll gezeigt werden, wie die Kombination mehrerer, für sich jeweils spitzfindiger Verbesserungen zu einer neuen Qualität führt. Der Aufbau nach Anleitung wäre: Standard-Netzgerät mit Einstellung 12 V Gleichspannung, Laborleuchte 90 W mit Kondensor, variabler Spalt, Bikonvex-Linse, Prisma, Schirm, wie in Abbildung 9.24 skizziert ist. Es sind eine Reihe von Verbesserungen möglich:

1. Die Überprüfung der Spannung unter Last ergibt 8,9 V, obwohl die Leerlaufspannung $U = 12\,\text{V}$ korrekt eingestellt wurde. Ursache ist der Innenwiderstand des Netzgerätes. Die Spannung wird im belasteten Zustand gemessen und auf 12 V hochgeregelt. Gewinn an subjektiver Helligkeit: Faktor 3

2. Der Reflexionsspiegel in der Laborlampe wird eingebaut bzw. richtig justiert: Gewinn: Faktor 1,5

3. Der Abstand Lampe–Kondensor wird so eingestellt, dass das Lampenbild in der Projektionslinse erscheint. Damit ist der Spalt homogen ausgeleuchtet. Der Gewinn ist abhängig von der vorherigen Einstellung.

4. Die Halogenlampe wird durch eine spezielle Projektionslampe ersetzt, vgl. Abschnitt 5.4.2. Gewinn: Faktor 2

5. Inzwischen ist das Spektrum so hell geworden, dass die Fluoreszenz des Papierschirms stört (Abbildung 9.25); der Schirm wird durch ein Stück Aquarellpapier ohne Aufheller ersetzt. Erst jetzt ist der violette Bereich realistisch.

6. Die Bikonkav-Linse wird durch eine achromatische Linse passender Brennweite ersetzt. Das Spektrum bekommt scharfe Ränder. Zwar bleibt die Helligkeit gleich, jedoch steigt der Kontrast und das Spektrum erscheint subjektiv heller. Der Gewinn ist nicht quantifizierbar.

7. An Stelle des Prismas wird ein Reflexionsgitter mit 300 lines/mm verwendet. Der blaue Bereich wird gestaucht und dadurch heller, allerdings nimmt die mittlere Helligkeit wegen der auf 70 % beschränkten Reflexion etwas ab. Ingesamt neutral in Bezug auf die subjektive Helligkeit.

8. Das Gitter wird durch ein 1200 lines/mm Gitter ersetzt. Aufgrund der viermal größeren Dispersion kann der Spalt um den Faktor vier verbreitert werden, Gewinn: Faktor 4

9. Der Spalt wird so weit verbreitert, dass die spektrale Auflösung im Bereich 50 nm bis 100 nm liegt. Damit ist ein sinnvoller Kompromiss von Farbsättigung und Helligkeit erreicht.

Insgesamt steigt der Lichtstrom mindestens um einen Faktor 30, es ist aber je nach Ausgangslage auch erheblich mehr möglich. Aus der mickrigen Tisch-Demonstration im abgedunkelten Saal ist ein Experiment geworden, das auch unter Tageslichtbedingungen gezeigt werden kann. Für die reine Demonstration ohne Erklärung eignet sich ein Diaprojektor mit rechteckiger Diaöffnung als Spalt am besten, da Homogenität und Intensität für die Projektionsebene technisch optimiert sind.

9.2.19   Sonnenspektrum nach Newton

Die Spektralanalyse des Sonnenlichts gilt unter Physikern als eines der schönsten Experimente der Wissenschaftsgeschichte [34], [22]. Newtons Aufbau ist die Abbildung der Sonnenscheibe durch eine Camera obscura, welche durch ein Loch im Fensterladen realisiert ist. Obwohl Newton die Geometrie der Abbildung ganz deutlich macht [101], findet man in modernen Darstellungen nur noch diffuse Angaben über Lichtstrahlen; das führt zu falschen Vorstellungen vor allem in Bezug auf die spektrale Auflösung. Die getreue Reproduktion des Experiments mit einem Loch im Fensterladen bzw. im Verdunklungsvorhang gelingt sofort. Man kann das Experiment bei Regenwetter mit einer XBO oder mit einer Halogenlampe, nach Möglichkeit mit Konversionsfilter KB12, simulieren. Dazu leuchtet man eine kleine Kreisblende von einigen Millimetern Durchmesser homogen aus und projiziert deren Bild auf die Wand. Der Abstand des abbildenden Loches oder der Projektionslinse muss 115-mal größer sein als der Durchmesser der leuchtenden Kreisscheibe, dann erscheint diese vom Ort der Linse unter einem Winkel von $0,5°$, also genauso groß wie die Sonne.

9.2.20   Emissionsspektren

Zur Demonstration von Linienspektren stehen verschiedene Lampentypen zur Verfügung. Einige Lampen (Hg, Na, Ne) sind hell genug, um ein Spektrum auf Papier zu projizieren. Oben wurde beiläufig nahegelegt, zur Projektion des Spaltbildes gemäß Abbildung 9.24 achromatische Linsen oder Objektive zu verwenden. Sollten nur einfache Linsen zur Verfügung stehen, würde die chromatische Aberration kein scharfes Bild ermöglichen, was bei Spektrallinien viel auffälliger ist als bei einem kontinuierlichen Spektrum. Die chromatische Aberration kann ausgeglichen werden, indem man den Projektionsschirm so dreht, dass die Bilder der einzelnen Spektrallinien näherungsweise in dessen Ebene liegen, siehe Abbildung 9.26.

Sehr schön ist bei der HBO-Lampe die Druckverbreiterung der Spektrallinien zu beobachten. Direkt nach der Zündung sind die Spektrallinien recht scharf und werden innerhalb weniger Minuten deutlich breiter. Die gelben Linien bei 577 nm und 579 nm laufen zusammen und es entsteht ein kontinuierlicher Untergrund, siehe Abbildung 9.27. In der Xenon-Hochdrucklampe (XBO) ist der Druck im kalten Zustand schon so hoch, dass das Spektrum ein Kontinuum ist; lediglich im blauen Bereich sind einige Intensitätsspitzen zu sehen.

Viel empfindlicher als die Projektion ist die visuelle Betrachtung des beleuchteten Spaltes oder einer fadenförmigen Entladung (Geißler-Röhre) durch ein Prisma oder Gitter, es reicht schon ein einfaches Replika-Gitter für Schülerversuche [7]. In Abbildung 9.28 sind die Spektren der Edelgase gezeigt. Über ein 600 lines/mm Gitter wurde eine Digitalkamera mit Normalobjektiv auf die ca. 3 m entfernt stehende Geißler-Röhre (Abbildung 5.11) gerichtet. Der visuelle Eindruck ist noch reichhaltiger als die Photographie.

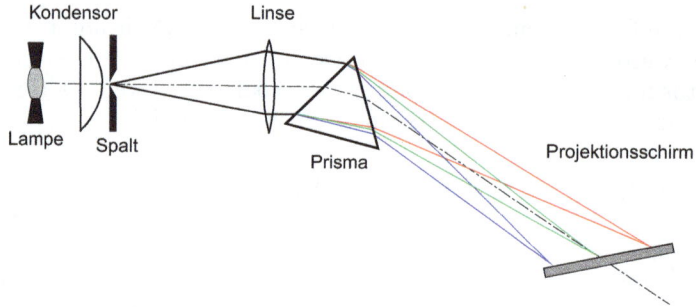

Abb. 9.26: *Spektroskop mit einfacher Linse, die chromatische Aberration aufweist. Im Unterschied zur Abbildung 9.24 sind optische Wege für drei verschiedene Wellenlängen eingezeichnet. Die Linse steht diesmal auf der Seite des Spaltes. Beide Positionen sind möglich, die hier gezeigte ist bei großer Projektionsdistanz besser wegen der geringeren Divergenz im Prisma.*

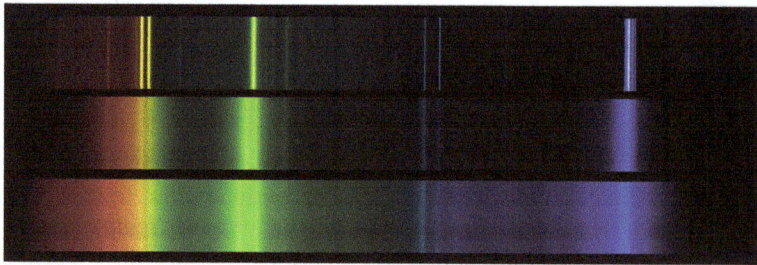

Abb. 9.27: *Druckverbreiterung der Spektrallinien der HBO-Lampe. Oben: 12 Sekunden nach dem Einschalten, Mitte: nach 50 Sekunden, unten: nach 100 Sekunden.*

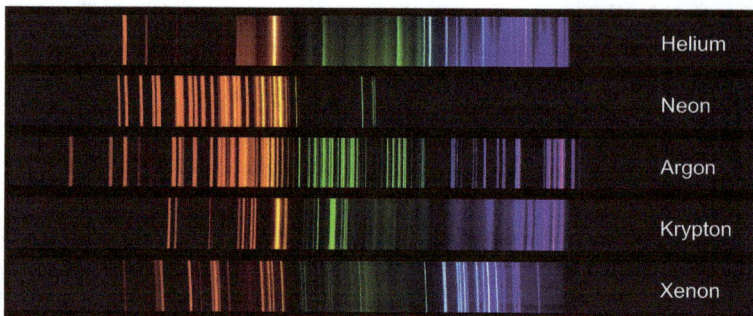

Abb. 9.28: *Edelgasspektren.*

9.2.21   Beobachtung der Na-D-Linien-Dubletts

Die doppelte Struktur der gelben Spektrallinie des Natriums wird oft in Schulbüchern diskutiert. Die experimentelle Auflösung der Na-D-Linien mit selbst zusammengestellten Schulmitteln erfordert einige Vorsicht. Die beiden Spektrallinien bei 589,0 nm und 589,6 nm haben einen Abstand von 0,6 nm, d.h. die relative spektrale Auflösung bezogen auf das sichtbare Spektrum (300 nm breit) muss mindestens 1:500 betragen. Das sichtbare Spektrum muss also mindestens 500 mal breiter sein als das Bild des Spaltes. Bei Verwendung eines gewöhnlichen Prismas sieht man sofort, dass der scharfen Abbildung des Spaltes besondere Bedeutung zukommt: Bei einer Breite des sichtbaren Spektrums von beispielsweise 5 cm muss das Spaltbild feiner als 0,1 mm sein. Das Auge kann die feinen Strukturen, welche das Spektroskop präpariert, nicht auflösen. Man kann das reelle Bild mit einem Okular betrachten und so um einen Faktor 10 (bei 25 mm Okularbrennweite) vergrößern. Alternativ wählt man einen Projektionsaufbau mit vergrößerter Abbildung, der dann allerdings ein relativ dunkles Projektionsbild liefert. Zur Abbildung des Spaltes empfiehlt sich ein Achromat, besser noch ein mehrlinsiges Objektiv (z.B. altes Kamera-Objektiv). Zwar fallen die Farbfehler einfacher Linsen hier nicht ins Gewicht, aber die Linsensysteme liefern auf der optischen Achse ein schärferes Bild und sind aufgrund des größeren Bildfeldes unempfindlicher gegen Justierfehler, die sich durch ein unsymmetrisch verzerrtes Spaltbild zeigen. Wenn die Abbildungsfehler minimiert sind, ist die Beugung der begrenzende Faktor für die spektrale Auflösung. Auch ein sehr schmaler Spalt wird nicht beliebig fein abgebildet. Die Auflösungsgrenze wird entweder durch den Durchmesser der Projektionslinse oder des Prismas bestimmt, je nachdem, welches Element kleiner ist. Mit einem 60°-Prisma aus BK7 mit 30 mm Seitenlänge ist das spektrale Auflösungsvermögen bei 589 nm etwa 0,5 nm. Das Na-Dublett kann also gerade noch getrennt werden; in der Praxis wird man für diesen Zweck Prismen mit höherer Dispersion oder größerer Basis verwenden, alternativ ein Beugungsgitter. Das Auflösungsvermögen eines Beugungsgitters ist gegeben durch die Anzahl der beleuchteten Gitterlinien. Mit einem 300 lines/mm Gitter, welches auf 10 mm Breite beleuchtet ist, erreicht man 1:3000, also im Falle der Natrium-D-Linien rund 0,2 nm. Weitere Details findet man in [25].

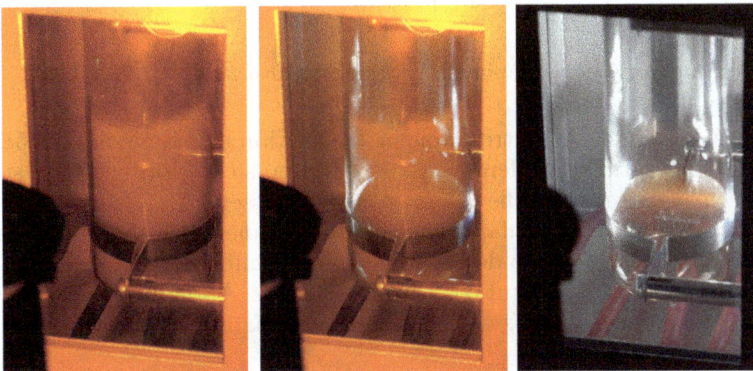

Abb. 9.29: *Metallisch anmutendes Natrium-Gas im Licht der Na-Spektrallampe (links), Aufhellung mit weißem Licht (Mitte) und kanalförmige Anregung mit XBO-Lampe (rechts).*

9.2.22   Resonanzfluoreszenz

Absorption und Emission von Licht bestimmter Frequenz durch Atome wird oft in getrennten Experimenten gezeigt. Man kann das auch kombinieren: Man zeigt die schmalbandige Absorption in einem thermischen Spektrum und die Emission des in Transmission fehlenden Anteils in einer anderen Raumrichtung. Als Atom eignet sich das Natrium wegen des Grundzustandsübergangs im gelben Spektralbereich besonders gut. Natrium befindet sich in einer geschlossenen Zelle, die es als Einsatz für Franck-Hertz-Öfen zu kaufen gibt [61]. Bei einer Temperatur von 200 °C bis 250 °C ist der Dampfdruck hinreichend groß. Die starke Absorption des Natrium-Gases sieht man bei Beleuchtung der Zelle mit einer Na-Spektrallampe, wie in Abbildung 9.29 gezeigt ist. Die Fluoreszenz sieht man mit bloßem Auge erst bei recht intensiver Beleuchtung.

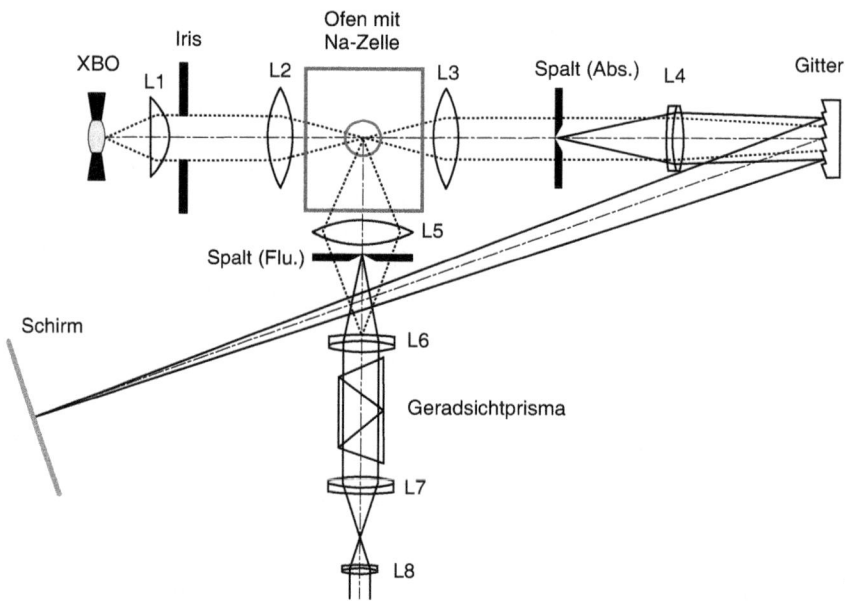

Abb. 9.30: *Aufbau zur Absorptions- und Emissionsspektroskopie am Natrium*

Ein kompakter Aufbau zur Spektroskopie in Absorption und Emission bei 589 nm ist in Abbildung 9.30 gezeigt. Die beiden Spektroskope sind so angeordnet, dass sie auf einen optischen Tisch in Standardgröße 60 cm × 90 cm passen. Als Quelle für thermisches Licht ist im Prinzip eine Halogenlampe geeignet. Mit einer XBO-Lampe kommt man zu einem kleineren Fokus innerhalb der Zelle und hat damit weniger störendes Streulicht; der Fluoreszenzkanal ist sehr gut zu erkennen, siehe Abbildung 9.29 (rechts).[1] Die Halogenlampe regt den Dampf zwar ebenfalls sichtbar an, und für die Spektroskopie

---

[1] Mit HBO- und Xenarc-Lampen sieht man den Fluoreszenzkanal wider Erwarten ebenfalls sehr gut, weil der Lichtbogen jeweils einen kontinuierlichen Untergrund im Spektrum hat und das kaltweiße Licht einen guten Kontrast zum gelben Fluoreszenzlicht bildet, aber diese Lampen sind ungeeignet für die Absorptionsspektroskopie.

ist die Halogenlampe perfekt, aber für den ungeübten Beobachter ist der leuchtende Kanal nicht gut mit bloßem Auge zu erkennen.

Das Absorptionsspektroskop besteht wie in Abbildung 9.24 aus dem Spalt, der Linse L4, dem Gitter und dem Schirm; die optischen Wege der Spaltabbildung sind durchgezogen eingezeichnet. Die Ausleuchtung des Spaltes erfolgt durch die Natrium-Zelle hindurch, und zwar zweckmäßig so, dass ein Bild des XBO-Lichtbogens im Zentrum der Natrium-Zelle liegt. Dazu dienen der Lampenkondensor L1 und eine weitere Linse L2. Die Irisblende erweist sich in der Praxis als wertvoll zur Streulichtkontrolle. Die optischen Wege der Abbildung des Lichtbogens sind gestrichelt eingezeichnet. Zunächst erscheint es als Nachlässigkeit, dass der Fokus der gestrichelten Wege nicht in der Linse L4 liegt. Das wurde aus Platznot vermieden, denn für eine gute spektrale Auflösung muss ein nennenswerter Teil des Gitters ausgeleuchtet sein, und dieses steht erzwungenermaßen in der Nähe der Linse L4. In Bezug auf transmittierten Lichtstrom und Auflösung wäre es günstig, ein weiteres Bild in die Ebene des Spaltes zu legen, jedoch sind dazu entweder eine Linse L3 mit sehr großer Öffnung oder ein großer Abstand L3–Spalt erforderlich. Aus praktischer Sicht lohnt sich das nicht. Das Spektroskop für die Fluoreszenz hat den Kondensor L5 zur Ausleuchtung des Spaltes; die optischen Wege sind gestrichelt eingezeichnet. Als dispersives Element wird ein Geradsichtprisma vorgeschlagen, weil dann der Aufbau noch übersichtlich und einfach zu justieren ist, das Fluoreszenzlicht ist schließlich ziemlich schwach. Die Linse L6 wird so eingestellt, dass der Spalt im Brennpunkt ist; ggf. beleuchte man den Spalt vorübergehend von der Ofenseite her mit einer Lampe, um den richtigen Abstand zu finden. Die Linse L7 wird in genügendem Abstand angebracht und das Bild des Spaltes wird im Okular L8 betrachtet. Erst nachdem das Spektrometer scharf gestellt ist, wird das Geradsichtprisma eingebracht. Da sich das Prisma im Bereich der parallelen optischen Wege befindet, wird der optische Abstand zwischen L6 und L7 nicht geändert und das Bild im Okular bleibt scharf. Mit einer einzelnen Linse wie im Grundaufbau der Abbildung 9.24 würde das Bild um einen unbekannten Weg nach hinten wandern, und das scharfe Bild im Okular wäre wegen der geringen Helligkeit sehr schwer zu finden.

Zur Beobachtung der Absorption kann man an Stelle der Dampfzelle, die möglicherweise nicht verfügbar ist, eine Natrium-Spektrallampe verwenden. Die Absorption ist erheblich schwächer als in der Zelle, weil kein Puffergas zur Druckverbreiterung der Spektrallinien enthalten ist. Daher kann die ohnehin schwache Resonanzfluoreszenz nicht gezeigt werden, aber mit dem Netzteil kann man zwischen Absorption und Emission umschalten und so im selben Spektroskop nacheinander zeigen, dass die Doppellinien der Absorption und Emission übereinander liegen.

9.2.23 UV-Spektrum des Quecksilbers

Mit der Quecksilber-Spektrallampe kann man Spektren außerhalb des sichtbaren Bereiches zeigen. Gewöhnliches weißes Papier fluoresziert effizient und ziemlich unabhängig von der Anregungswellenlänge; ein spezieller Detektor ist nicht notwendig. Für die Abbildung des Spaltes ist eine Quarzglaslinse notwendig, da gewöhnliches Glas Licht unterhalb 350 nm absorbiert. Wie schon in Abschnitt 5.4.3 erwähnt, ist die starke UV-Emission der Quecksilberlampe schädlich für die Augen und die Haut, und es sollte unbedingt ein geschlossenes Gehäuse verwendet werden.

Tabelle 9.1: *Spektrallinien des Quecksilbers im ultravioletten und sichtbaren Spektralbereich.*

λ[nm]	Stärke	λ[nm]	Stärke	λ[nm]	Stärke	Farbe
248,27	-	312,57	+	404,66	+	violett
253,65	++	313,16	+	407,78	-	violett
265,20	-	313,18	+	434,75	-	blau
275,28	-	334,15	-	435,83	++	blau
280,44	-	365,02	+	491,60	-	cyan
293,60	-	365,48	-	546,08	++	grün
296,72	+	366,29	-	576,96	+	gelb
302,15	-	366,33	-	579,07	+	gelb

Ein Kondensor ist nur sinnvoll, wenn er Quarzglas ist, ansonsten reicht die Anordnung der Lampe direkt vor dem Spalt. Die Wellenlängen der stärksten Spektrallinien sind in Tabelle 9.1 angegeben. Das Quecksilberspektrum mit UV-Fluoreszenz ist in Abbildung 9.31 gezeigt.

Mit dem UV-Spektrum relativiert sich die Beobachtung, dass manche Glassorten eine besonders große Dispersion aufweisen. Mit einem SF10-Prisma sieht man nur die Spektrallinien des sichtbaren Bereiches, während bei BK7 die Linie bei 365 nm als Fluoreszenzerscheinung hinzukommt und das wahrnehmbare Spektrum breiter wird. Mit Quarzglas sieht man das Spektrum bis zur prominenten 254 nm-Linie und darüber hinaus. Das Spektrum einschließlich UV ist mit dem Quarzglasprisma ähnlich breit wie das sichtbare Spektrum mit SF10-Prisma; bei Quarzglas ist lediglich die Absorptionskante und damit der Bereich starker Dispersion ins Ultraviolette verschoben.

Die chromatische Aberration der abbildenden Quarzlinse verhindert eine scharfe Abbildung des Spaltes über den ganzen Spektralbereich. Achromatische Linsen mit UV-Transparenz bis 200 nm können mit der Kombination Quarz und Calciumfluorid realisiert werden [30]; sie sind preislich außerhalb des Budgets für Physiksammlungen. Man ist also gezwungen, den Fehler durch Schrägstellen des Projektionsschirms ausgleichen, wie bereits in Abbildung 9.26 gezeigt wurde. Der Drehwinkel ist rund 65° zur optischen Achse, was einige Probleme beim Justieren aufwirft.

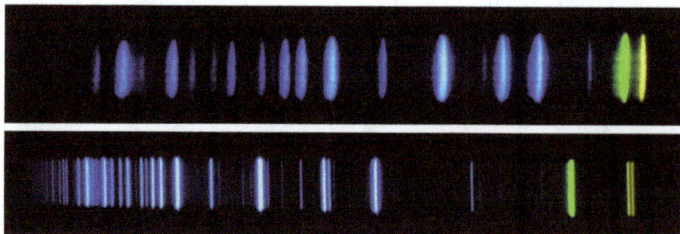

Abb. 9.31: *Spektrum des Quecksilbers. Die UV-Linien werden durch die bläuliche Fluoreszenz eines Schirms aus gewöhnlichem Papier sichtbar. Oben: Projiziert mit Linse und Prisma aus Quarzglas; projiziert mit Reflexionsspiegel und Reflexionsgitter 600 lines/mm, 250 nm blaze.*

Eine Alternative zur Quarzlinse ist ein Hohlspiegel, der prinzipiell keine chromatische Aberration hat. Die Brennweite ist der halbe Krümmungsradius. Normale Spiegel mit Aluminium-Beschichtung haben eine verminderte Reflektivität im UV. Wenn man einen Spiegel für diesen Zweck neu kauft, kann man eine Beschichtung mit „UV-enhanced aluminum" wählen. Solche Spiegel sind Standard in Spektrographen für die Forschung; sie sind einzeln erhältlich [100], [30] und nicht teurer als Quarzglaslinsen. Als dispersives Element nimmt man ein Quarzglasprisma oder ein Reflexionsgitter. Die in Abschnitt 5.9 angepriesenen Gitter mit *blaze* im sichtbaren Bereich haben allerdings im UV eine sehr geringe Beugungseffizienz in der ersten Ordnung. Die zweite Beugungsordnung – in der Nähe der blaze-Wellenlänge vernachlässigbar – ist stärker, dadurch überlagern die UV-Linien im sichtbaren Bereich. Sehr praktisch ist ein spezielles Gitter mit 250 nm blaze, welches dann automatisch auch eine Beschichtung hoher Reflektivität hat.

9.2.24 Fraunhofer'sche Linien im Sonnenspektrum

Die Fraunhofer'schen Absorptionslinien im Sonnenspektrum sind schon mit einem einfachen Handspektroskop zu sehen, und zwar auch im diffusen Tageslicht. Die stärksten Linien sind in Tabelle 9.2 aufgelistet.

Tabelle 9.2: *Absorptionslinien im sichtbaren Bereich des Sonnenspektrums (Fraunhofer-Linien) [28]. Mit den Angaben kann man verifizieren, dass der sichtbare Spektralbereich etwa von 400 nm bis 700 nm reicht.*

	Wellenlänge	Element		Wellenlänge	Element
A	769,8 nm	Atm. O_2	b_4	516,7 nm	Mg, Fe
B	686,7 nm	Atm. O_2	F	486,1 nm	H_β
C	656,3 nm	H_α	g	434,1 nm	H_γ
D_1	589,6 nm	Na	G	430,8 nm	Fe, Ti^+
D_2	589,0 nm	Na		422,8 nm	Ca
E	527,0 nm	Fe	h	410,2 nm	H_δ
b_1	518,4 nm	Mg	H	396,9 nm	Ca^+
b_2	517,3 nm	Mg	K	393,4 nm	Ca^+
b_3	516,9 nm	Mg			

Ein größeres stationäres Spektroskop zeigt zusätzlich schwächere Linien, aber wegen der Bewegung der Sonne am Himmel ist eine Vorrichtung zur Nachführung erforderlich. Eine einfache Lösung ist ein Umlenkspiegel und ein ebenes Spektroskop auf einem fahrbaren Tisch. Der Umlenkspiegel ist in horizontaler und vertikaler Richtung drehbar. Die horizontale Achse liegt auf Höhe der optischen Achse des Spektroskops, und die Spiegelebene liegt in der Drehachse oder wenigstens in ihrer Nähe.

In den oben beschriebenen Spektroskopie-Experimenten war entweder die spektrale Bandbreite ziemlich groß oder es interessierte nur ein sehr schmaler Bereich des Spektrums. Im Falle der Fraunhofer-Linien kann man aufgrund der großen Helligkeit der Sonne das ganze sichtbare Spektrum mit sehr hoher spektraler Auflösung abbilden. Dabei macht sich ein Fehler der einfachen Spektroskope bemerkbar, der bisher ver-

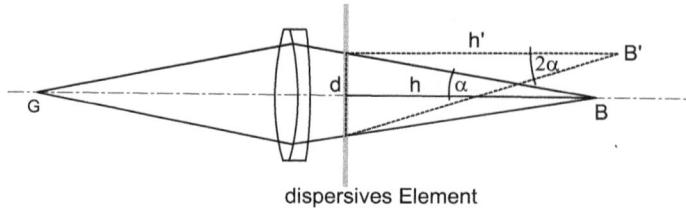

dispersives Element

Abb. 9.32: *Zur chromatischen Aberration im Spektroskop. Ein für alle optischen Wege konstanter Knick führt zu einer Verlängerung der Bildweite.*

nachlässigt werden konnte. Das dispersive Element (Prisma oder Gitter) verursacht chromatische Aberration, wenn an seiner Position die optischen Wege konvergieren. Die Erklärung erfolgt anhand der Abbildung 9.32. Alle optischen Wege sind im dispersiven Element um einen Winkel geknickt, der bei symmetrischem Durchgang in erster Näherung nicht vom Einfallswinkel abhängt. Wir betrachten o.B.d.A. den Spezialfall, dass der Knickwinkel α gleich dem Konvergenzwinkel zweier willkürlich herausgegriffener optischer Wege sei. Der Abstand zweier optischer Wege am Ort des dispersiven Elements sei d. Ohne dispersives Element ist das scharfe Bild am Ort B im Abstand $h = \frac{d/2}{\tan \alpha}$. Unter Ablenkung um α wird der obere Weg gerade und der untere hat einen Winkel von 2α zur optischen Achse. Der Abstand $h' = \frac{d}{\tan 2\alpha}$. Wegen $\tan 2\alpha > 2 \tan \alpha$ ist $h' > h$. Im dispersiven Element hängt der Knickwinkel von der Wellenlänge des Lichts ab, so dass h' ebenfalls von der Wellenlänge abhängt, dies ist die chromatische Aberration.

Die chromatische Aberration des dispersiven Elements verschwindet, wenn die optische Entfernung zwischen dem Spalt und dem Projektionsobjektiv unendlich groß ist, die optischen Wege also parallel sind. Man positioniert demnach das dispersive Element hinter einer Linse, in deren Brennpunkt der Spalt steht, und erzeugt das Bild des Spaltes durch eine zweite Linse. Der Aufbau ist in Abbildung 9.33 gezeigt. In großen

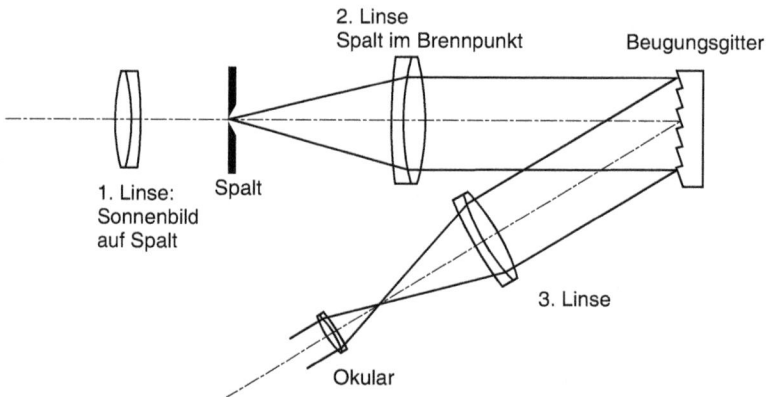

Abb. 9.33: *Spektroskop zur Beobachtung der Fraunhofer'schen Linien im Sonnenspektrum.*

Räumen kann man die Einstellung näherungsweise finden, indem man den Spalt mit einer Halogenlampe ausleuchtet und auf eine entfernte Wand abbildet. Genauer ist die Reflexion mit einem Planspiegel irgendwo hinter der Linse mit scharfer Abbildung des Spaltes auf dem Spaltkörper, siehe Abbildung 9.34.

Abb. 9.34: *Einstellung des Abstands Spalt-Objektiv durch Rückreflexion mit einem Spiegel hinter dem Objektiv und scharfer Abbildung des Spaltbildes (rechte Linie). Wahlweise kann auch die nullte Ordnung des Beugungsgitters verwendet werden.*

Die Ausleuchtung des Spaltes erfolgt abweichend vom Spektroskop in Abschnitt 9.2.18 durch scharfe Abbildung der Sonne auf den Spalt, nicht auf die Projektionslinse. Die Sonne ist homogen und scharf berandet, so dass man mit der Abbildung auf den Spalt homogenes und besonders intensives Spektrum erhält. Die Einstellung kann man bequem vornehmen, indem man nicht die gleißend helle Sonne, sondern weit entfernte Bäume oder Häuser auf den Spalt scharf stellt.

Wie bei anderen Spektroskopie-Experimenten hat der Eindruck beim Einblick gegenüber der Projektion eine besondere Qualität. Hier können wir den Vorteil der großen Intensität der Sonne nutzen, die gleichzeitig auch ein Grund zur Vorsicht darstellt. Der Spalt muss sauber sein und gleichmäßig schließen. Staub kann mit einem Wattestäbchen entfernt werden. Möglich wäre auch ein Festspalt mit $10\,\mu m$ Breite [139]. Die Hand des Beobachters dreht das Gitter. Das reelle Bild der zweiten Linse wird mit einem Okular betrachtet. Mit zwei Repro-Objektiven von 240 mm Brennweite und Öffnung f/11, einem 10fach Okular (25 mm) und einem 1800 lines/mm Gitter sieht man Hunderte von messerscharfen Linien mit einer spektralen Auflösung von rund 0,03 nm. An der langwelligen Grenze des Spektrums sieht man ein regelmäßiges Molekülspektrum des atmosphärischen Sauerstoffs (Fraunhofer'sche B-Linie). Wenn die Entfernung der ersten Linse gut eingestellt ist, verbleibt lediglich die chromatische Aberration der Objektive in den Randbereichen des Spektrums; sie kann durch Längsverschiebung des Okulars um ca. 1 mm bis 2 mm leicht ausgeglichen werden.

Helium wurde bekanntlich zuerst durch Spektroskopie auf der Sonne entdeckt, und zwar über die sogenannte D_3-Linie bei 587,6 nm. Sie ist nicht als Fraunhofer'sche Absorptionslinie zu sehen, sondern nur in Emission in der Sonnenkorona. Zur Beobachtung sind also besondere Einrichtungen notwendig, oder eine Sonnenfinsternis.

9.2.25   Ausleuchtung des Spektroskops

In den vorherigen Abschnitten wurden Spektroskope für verschiedene Anwendungen besprochen und jeweils ein Konstruktionsdetail hervorgehoben. Hier soll rückblickend noch einmal die Ausleuchtung des Spaltes besprochen werden. In Abbildung 9.35 werden zwei Möglichkeiten gezeigt, und zwar für einen Aufbau mit zwei abbildenden Linsen und dem dispersiven Element (hier ein Geradsichtprisma) im Bereich parallelen Lichts zur Vermeidung der chromatischen Aberration gemäß Abbildung 9.32. Die untere Anordnung ist optimiert für die hochauflösende Spektroskopie, während die obere Anordnung für die Demonstration wegen der homogenen Helligkeit des projizierten Bildes deutlich schöner ist. Für Lampen mit geringer Leuchtdichte (z.B. Natriumdampflampe) sind die Unterschiede weniger offensichtlich.

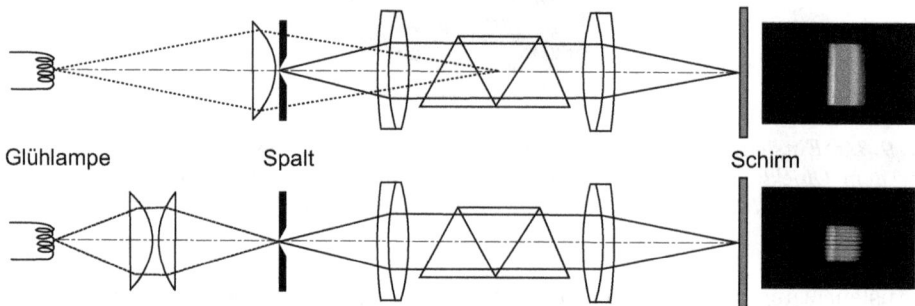

Abb. 9.35: *Zwei Möglichkeiten zur Ausleuchtung des Spaltes mit dem Beispiel eines Halogen-lampenspektrums. Die obere Anordnung wird gewählt, wenn ein möglichst homogenes Spektrum einer stark strukturierten Lampe gezeigt werden soll. Der gestrichelte Strahlengang zeigt an, dass das Bild der Lampe im Zentrum des Geradsichtprismas liegt, der Kondensor hat die gleiche Funktion wie im Diaprojektor. Der untere Aufbau ist besser geeignet, wenn die spektrale Auflösung kritisch ist. Der gestrichelte Strahlengang überlappt mit dem durchgezogenen Strahlengang der Spaltabbildung, d.h. das Prisma ist ganz ausgeleuchtet. Damit ist die spektrale Auflösung beugungsbegrenzt, im Falle eines Gitters kommen alle Gitterlinien zur Geltung.*

9.2.26   Lichtgeschwindigkeit

Die Foucault'sche Drehspiegelmethode zur Bestimmung der Lichtgeschwindigkeit ermöglicht genaue Resultate und ist unabhängig von spezieller Elektronik wie GHz-Sender oder Oszilloskop mit ns-Zeitauflösung. Ein Komplettversuch mit Bedienungsanleitung ist in vielen Schulen vorhanden. Man kann die Genauigkeit der Messung durch konsequentes Vorgehen erheblich steigern [84]. Der Versuchsaufbau ist in Abbildung 9.36 gezeigt. Das Grundprinzip des Aufbaus versteht man mit dem Modell eines Lichtpaketes, welches die Strecke $2(b + f)$ durchläuft, während der Drehspiegel um einen Betrag ϕ gedreht wird. Dieser Winkel wird durch die Zeigerstrecke a als messbare Verschiebung x dargestellt. Die Linse macht eine scharfe Abbildung der Spaltlampe auf die Messskala. Die tatsächlichen Werte von a und b sind frei wählbar, solange die Linsengleichung erfüllt ist. Experimentiervorschläge geben in der Regel spezielle Werte an, die gewisse praktische Vorteile haben, z.B. die Nutzung eines relativ kleinen Tisches für mehrere Komponenten. Zuerst ist die tatsächliche Brennweite der Linse zu bestimmen, sonst kann man keine scharfe Abbildung vorausberechnen. Hat man sich für bestimmte a und b gemäß Linsengleichung entschieden, dann werden die Spiegel und Linsen an den vorausberechneten Orten aufgestellt. Die Abstände kann man bequem und genau mit einem Laserentfernungsmessgerät bestimmen. Nach diesen Vorarbeiten sollte man bereits in der Nähe der scharfen Abbildung sein und die Feinjustage ohne große Verschiebungen vornehmen können. Die Frequenz des Drehspiegels wird über eine Photodiode und einen Frequenzzähler bestimmt, oder über schwebungsfreie Abstimmung mit einer Stimmgabel bzw. einem Lautsprecher, der an einen Funktionsgenerator mit Frequenzanzeige angeschlossen ist. Das Schätzen der Drehzahl nach tabellierten Werten für die Spannung am Motor ist völlig unzureichend. Die Verschiebung des Spaltbildes wird mit einer Messskala oder genauer mit einem Fadenkreuzokular auf dem Messtisch bestimmt. Die Fehleranalyse nach dem Gauß'schen Fehlergesetz gibt wichtige Hinweise, an welchen Stellen der eigene Aufbau noch verbessert werden kann. Die Messung bei verschiedenen Frequenzen ermöglicht die Bestimmung einer Ausgleichsgeraden zur Reduktion der statistischen Fehler der Einzelmessungen. Mit den üblichen Geräten wie 440 Hz Drehspiegel und 5 m Linse sind Fehler unterhalb 5 % erreichbar. Die Ver-

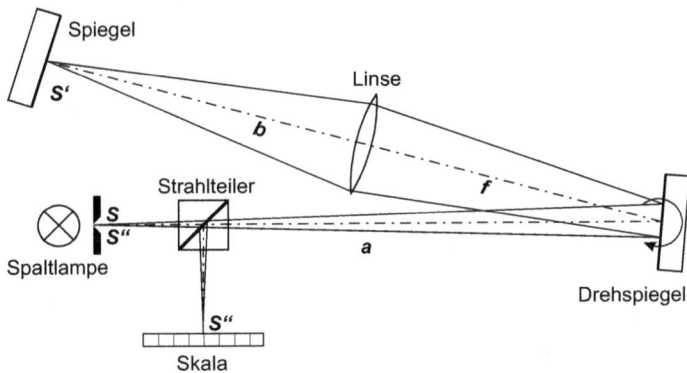

Abb. 9.36: *Prinzip der Foucault'schen Drehspiegelmethode. Die Linse bildet den Spalt S nach S' auf Spiegeloberfläche ab. S'' ist das Spiegelbild des Abbildes, welches bei ruhendem Spiegel mit dem Spalt S zusammenfällt und teilweise auf die Skala ausgespiegelt wird. Bei drehendem Spiegel ist S'' verschoben.*

wendung eines Lasers an Stelle der Spaltlampe suggeriert, dass man sich das Konzept der optischen Abbildung sparen könnte, es liege ja ein Strahl vor. Tatsächlich gelten die gewöhnlichen Abbildungsgesetze, und beim Laser sieht man besonders leicht den Einfluss der Beugung. Ein Laserstrahl, dessen Durchmesser beinahe über den ganzen Aufbau konstant wäre, hätte einen Durchmesser von mehreren Millimetern, so dass man die Verschiebung nicht gut messen könnte. Erzeugt man einen schärferen Fokus am Ort der Spaltlampe, so wird dieser entsprechend schärfer auf der Messskala abgebildet, es steigt aber die beugungsbedingte Divergenz, siehe Abbildung 9.37. Schon bei moderater Fokussierung führt das dazu, dass der Laserstrahl am Ort des Drehspiegels größer als deren Öffnung wird und es erscheinen zusätzliche Beugungsmuster, die das

Bild auf der Messskala beeinträchtigen. Abhilfe schafft nur ein größerer Drehspiegel, mit dem man dann den Messfehler auf unter 1% reduzieren kann. Muss man den vorhandenen Spiegel verwenden, so sollte dieser maximal ausgeleuchtet werden, ohne über den Rand zu gehen. Die Abbildung einer Spaltlampe wird gleichermaßen durch die Beugung begrenzt: man findet, dass das Spaltbild beim Schließen des Lampenspaltes unterhalb einer Grenze nicht mehr schmaler, sondern nur noch dunkler wird. Es wird die charaktestische Beugungsfigur des Einzelspaltes (Drehspiegelfassung) sichtbar. Die Nebenmaxima können helfen, das Zentrum des Spaltbildes visuell zu bestimmen. Das Spaltbild kann im Fadenkreuzokular beobachtet oder über eine Astro-Webcam ohne Objektiv einer Klasse vorgeführt werden. Wenn man die Grundjustage des Aufbaus sinnvollerweise mit dem Laser-Entfernungsmesser durchführt, bedeutet die Spaltlampe keine Erschwernis und ist in Hinblick auf den historischen Versuch die bessere Wahl.

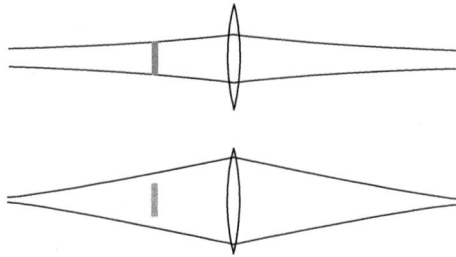

Abb. 9.37: *Prinzip der Beugungsbegrenzung durch die Apertur des Drehspiegels (grauer Balken). Es sind die Ränder Gauß'scher Strahlen, also der TEM$_{00}$ Lasermode eingezeichnet.*

9.2.27   Hallwachs-Effekt

Der Hallwachs-Effekt ist ein historisch bedeutsames Experiment, das die Grundlage von Einsteins berühmter Arbeit zum Photoeffekt darstellt. Eine negativ geladene Zinkplatte entlädt sich bei Beleuchtung mit ultraviolettem Licht. Obwohl es an sich sehr einfach aufgebaut ist, funktioniert das Experiment in der Praxis gelegentlich schlecht, und zwar aus folgenden Gründen: i) die Platte ist schlecht geputzt, ii) eine Zinkplatte ist nicht verfügbar, weil dieses Material nicht mehr wie früher von Dachdeckern und Installateuren verwendet wird, iii) die UV-Lampe emittiert nicht unterhalb 300nm. Der erste Fehler wird leicht behoben, wenn die Platte direkt vor Beginn des Experiments mit Stahlwolle oder einer Feile geputzt wird. Den zweiten Fehler umgeht man mit einer Platte aus Kupfer oder Aluminium. Die ominöse Zinkplatte ist ein Resultat vereinfachter Überlieferung, denn die originale Arbeit von Hallwachs enthält Daten zu verschiedenen Metallen. Der dritte Fehler entsteht durch Verwendung von Glaslinsen oder Lampenkolben aus Glas, selbst wenn der Lampentyp – in der Regel eine Quecksilberlampe – an sich geeignet ist: Die Absorptionskante von Glas ist größer als die Grenzwellenlänge der verwendeten Metalle, welche sich gemäß $\lambda = \frac{hc}{eE}$ aus der Austrittsarbeit ergibt. Die Austrittsarbeiten (work functions) für einige leicht verfügbare Metalle sind in Tabelle 9.3 aufgeführt [73]. Eine Fehlerquelle auf elektrischer Seite ist ein zu geringer Innenwiderstand des Elektrometers durch oberfläche Verunreinigungen des Isolators. Diese können mit Isopropanol beseitigt werden.

Tabelle 9.3: *Austrittsarbeit und Grenzwellenlänge des Hallwachs-Effekts für verschiedene Metalle. Für die haushaltstypischen Metalle Al, Fe, Cu und Zn gilt gleichermaßen, dass Elektronen mit dem 254 nm Licht der Quecksilberlampe ausgelöst werden können, nicht aber mit UV-Licht, welches durch gewöhnliches Glas gefiltert wurde.*

Metall	Austrittsarbeit	Grenzwellenlänge
Aluminium	4,28 eV	290 nm
Eisen	4,50 eV	275 nm
Kalium	2,30 eV	539 nm
Kupfer	4,65 eV	266 nm
Nickel	5,15 eV	240 nm
Zink	4,33 eV	286 nm

Um deutlich zu machen, dass der Hallwachs-Effekt auf unsichtbarem Licht beruht, kann man den sichtbaren Anteil mit einem Schott UG 5-Filter reduzieren. Der Filter Schott UG 1, der auch für photographische Anwendungen erhältlich ist, erscheint wegen seiner vollständigen Undurchlässigkeit für sichtbares Licht auf den ersten Blick attraktiv, aber er ist nicht geeignet, weil die Transmission unterhalb 300 nm zu gering ist.

Nachdem der Versuch mit der Quecksilberlampe getestet ist, kann man damit auch die UV-Emission in Halogenlampen nachweisen, welche unterhalb der Grenzwellenlänge jedoch um ein Vielfaches geringer ist. Diese Variation gelingt nur mit Projektionslampen (z.B. Xenophot 12 V/100 W), da die Haushaltslampen Kolben aus Quarzglas mit UV-absorbierender Dotierung haben. Der UV-C-Anteil des Sonnenlichts ist zu schwach für ein signifikantes Ergebnis (woran man erkennt, dass die UV-Filter vor Halogenlampen durchaus sinnvoll sind, obwohl sie erheblich kälter als die Sonne sind).

9.2.28 Bestimmung des Planck'schen Wirkungsquantums

Die Bestimmung des Planck'schen Wirkungsquantums ist eine aufregende Angelegenheit, denn nur wenige Naturkonstanten können mit Schulmitteln gemessen werden. Leider hört man oft die Meinung, dass die Messung nicht sehr genau sein müsse, um zu überzeugen; schließlich sei h ja sehr klein. Das liegt jedoch nur an dem SI-Einheitensystem, man kann h auch gleich Eins setzen. Es gibt Vorschläge für Experimente, die nicht gut durchdacht oder gar unsinnig (LED-Methode) sind.

Historisch wurde das Wirkungsquantum von Planck selbst aus seinem Strahlungsgesetz bestimmt, später führte Millikan genaue Messungen mit Hilfe des Photoeffekts an Alkalimetallen durch [93, 94]. Mit der Kalium-Photozelle von Leybold [72] ist bei entsprechender Sorgfalt die Planck'sche Konstante h auf 5 % genau messbar. Die Photozelle besteht aus einer Kalium-Schicht im geschlossenen Glaskolben, über der in einigen mm Abstand eine ringförmige Platin-Elektrode angebracht ist. Photozellen für technische Anwendungen wie Valvo 90CV oder RCA 1P39 haben eine tonnenförmige Kathode und stabförmige Anode. Sie haben eine höhere Quanteneffizienz, allerdings erfordert die Abschattung der zentralen Anode genaueres Arbeiten. Die Messresultate sind vergleichbar mit der Kalium-Zelle, die hier stellvertretend behandelt wird.

Licht mit der Energie $E = h\nu$ setzt aus der Kalium-Schicht Elektronen frei, welche die um die Austrittsarbeit W_A verminderte Energie $E' = E - W_A$ haben.[2] Diese Elektronen gelangen auf die Anode und verursachen den Photostrom, der in einem typischen Aufbau zwischen 100 pA (491 nm) und 60 nA (365 nm) beträgt. Wenn die Anode auf ein tieferes Potential gelegt wird, verringert sich der Strom und verschwindet beim sog. Stop-Potential. Der Photostrom hängt quadratisch von der Gegenspannung ab. Die Bestimmung des Nullpunktes ist sehr ungenau, da im Minimum einer quadratischen Funktion die erste Ableitung verschwindet. Man bestimmt daher das Stop-Potential aus einem linearen Fit durch die Funktion $\sqrt{I}(U_g)$ [112, 158], siehe Abbildung 9.38. Man muss den funktionalen Zusammenhang nicht unbedingt kennen, sondern kann die regulär aufgetragene Funktion $I(U_g)$ nach Millikan [93] graphisch extrapolieren – letztlich ist es eine didaktische Entscheidung, ob man die technischen Mittel ausnutzen will oder ohne die sonderbare Wurzelfunktion ein bahnbrechendes historisches Experiment nachvollzieht. Die Stop-Potentiale, multipliziert mit der Elementarladung, werden als Funktion der Lichtwellenfrequenz aufgetragen. Die Steigung der Geraden durch die Messpunkte gibt den numerischen Wert für h.

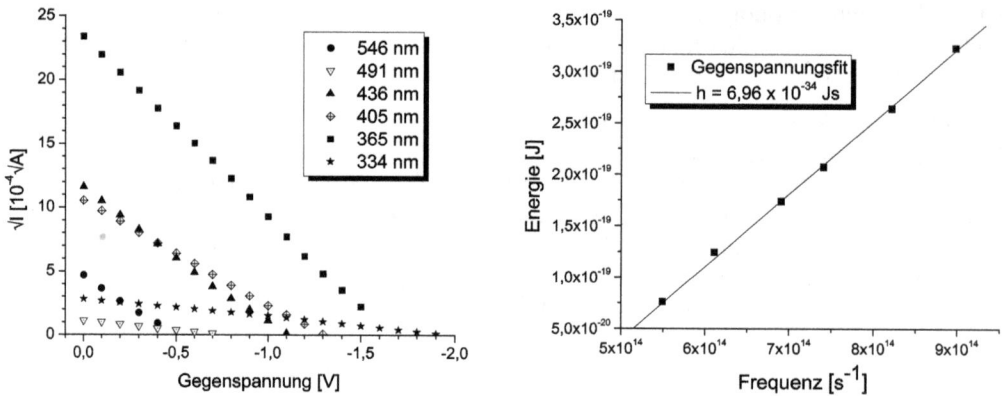

Abb. 9.38: *Links: Photostrom als Funktion der Gegenspannung in der Kaliumzelle. Rechts: Die Spannung für $I = 0$ wird mit der Elementarladung multipliziert und über der Lichtfrequenz aufgetragen; die Gerade durch die Datenpunkte hat die Steigung h.*

Die elektrische Beschaltung der Photozelle erfolgt abweichend von den Literaturvorschlägen nach Abbildung 9.39. Die Abschirmung der Messleitung sowie der Verstärker liegen auf Erdpotential; damit sind Störsignale so weit wie möglich reduziert. Das Stop-Potential U_s wird über einem Widerstand abgegriffen, der zwischen Erdpotential und dem Minuspol eines Akkumulators liegt. Der Wert des Widerstands ist unkritisch, empfehlenswert ist ein 10-Gang-Potentiometer mit Nennwiderstand im Bereich 1 kΩ bis 1 MΩ. Ein kleiner Fehler bei der Bestimmung des Stop-Potentials entsteht durch den Spannungsabfall am Verstärker, denn eigentlich müsste das Stop-Potential zwischen Kathode und Anode gemessen werden. Bei einem guten Stromverstärker ist der Innenwiderstand 1 kΩ im Messbereich bis 1 nA, der Spannungsabfall beträgt also maximal

---

[2]Diese Austrittsarbeit ist keine Konstante eines bestimmten Materials, hier des Kaliums, sondern sie hängt auch von der Kontaktspannung der beteiligten Metalle ab [93, 157].

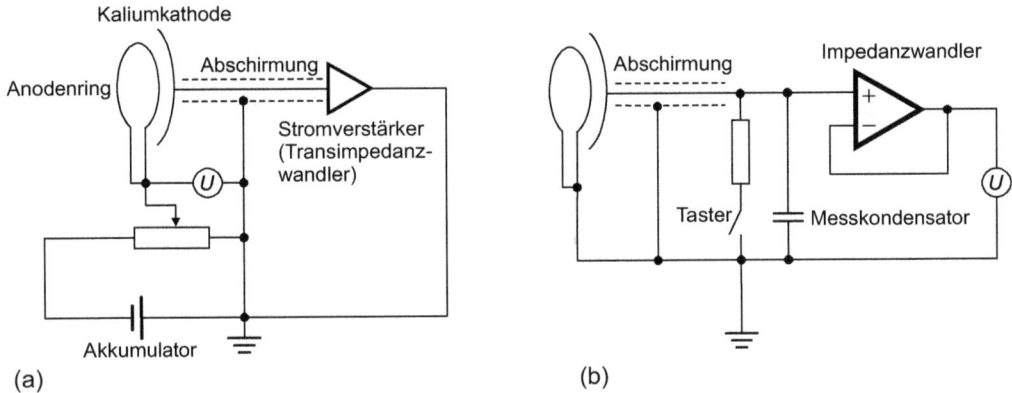

Abb. 9.39: *Elektrische Beschaltung der Photozelle für die Messung des (a) Photostroms, (b) der Gleichgewichtsspannung.*

$1\,\mu$V und ist damit vernachlässigbar. Die Störung durch Anschluss des Voltmeters für das Stop-Potential direkt an der Kathode wäre schädlicher. Bei Universalverstärkern von Lehrmittelherstellern mit älterer Technik kann der Eingangswiderstand so groß sein, dass der Spannungsabfall berücksichtigt werden muss, sei es durch nachträgliche Korrektur der Spannung als Funktion der Stromstärke oder Anschluss des Voltmeters zwischen Kathode und Anode. Die bessere Methode muss man ausprobieren, weil Störsignale von den Details des Aufbaus abhängen. Falls man die oben beschriebene Auswertung nicht durchführen will und nur am Stop-Potential bei gerade verschwundenem Photostrom interessiert ist, fällt natürlich auch keine Spannung am Messverstärker ab, dann ist die Schaltung in Abbildung 9.39 (a) für beliebige Verstärker optimal.

Die Beleuchtung der Photozelle soll großflächig und gleichmäßig sein, dabei darf der Anodenring auf keinen Fall getroffen werden. Das wird durch Abbildung einer homogen ausgeleuchteten, kreisförmigen Blende auf die Kathode erreicht, für die z.B. die Fassung der Interferenzfilter gewählt werden kann. Durch Veränderung des Abbildungsmaßstabs kann der Leuchtfleck auf die richtige Größe gebracht werden. Streulicht wird durch Abdecken der gesamten Apparatur abgehalten. Deren Wirksamkeit wird durch Messung des Photostroms beim Abdecken der Lampe überprüft.

Wenn man die Emission bei 334nm auswerten möchte, müssen die Linsen aus BK7 oder Quarzglas sein; viele andere Gläser, besonders Flintgläser in Achromaten, absorbieren bei dieser Wellenlänge sehr stark. Noch kürzere Wellenlängen werden auch vom Glas der Photozelle absorbiert.

Alternativ zur Messung des Photostroms als Funktion der Gegenspannung kann man das Stop-Potential bestimmen, indem mit der beleuchteten Photozelle ein Kondensator bis zur Gleichgewichtsspannung aufgeladen wird [12]. Diese Spannung entspricht genau dem Stop-Potential und wird mit einem Elektrometer-Verstärker mit mindestens $10^{12}\,\Omega$ Eingangswiderstand gemessen. Die Beschaltung ist in Abbildung 9.39 gezeigt. Bei 10nF Kapazität dauert es je nach Lichtstrom mehrere Minuten, bis die Gleichgewichtsspannung erreicht ist. Man verkürzt die Wartezeit, wenn man von kleiner Fre-

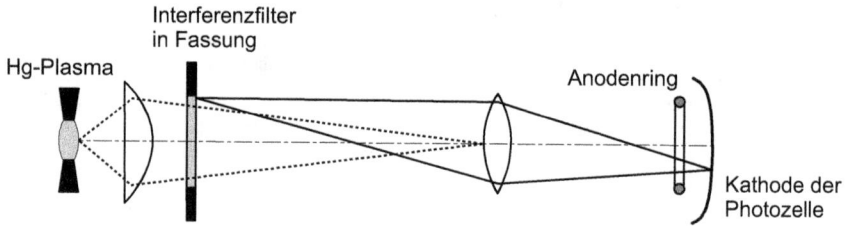

Abb. 9.40: *Beleuchtung der Photozelle. Die Fassung des Interferenzfilters wird scharf auf die Kathode abgebildet (durchgezogener Strahlengang); mit dem Kondensor wird die homogene Ausleuchtung gewährleistet (gestrichelter Strahlengang). Mit dieser Anordnung bekommt man auch für die schwache Linie bei 491nm gute Resultate.*

quenz aufwärts misst und die Ladung des Kondensators belässt. Mehrere Messwerte zu einer Frequenz werden in schneller Folge gewonnen, wenn man den Kondensator mit einem Taster über einen Widerstand $R > 1\text{G}\Omega$ geringfügig entlädt, so dass der Gleichgewichtszustand bald wieder erreicht wird. Der Kondensator darf nur durch den Photostrom aufgeladen werden, nicht etwa durch Influenz. Letztere wird vermindert durch einen relativ großen Messkondensator sowie durch Erdung des Lampengehäuses und des Experimentiertisches.

Die Interferenzfilter sind teuer und können in der Schule eigentlich nur für die h-Messung verwendet werden. Selten ist ein kompletter Satz Filter vorhanden. Alternativ ist die Spektralzerlegung mit einem hochauflösenden Gitter möglich, welches weniger kostet als ein einziger zusätzlicher Interferenzfilter, und das viele weitere Einsatzmöglichkeiten hat. Man nutzt dabei aus, dass die Quecksilber-Spektrallampe bei ganz bestimmten Wellenlängen emittiert und zwischen den Spektrallinien Dunkelheit ist. Quecksilber-Hochdrucklampen sind aufgrund ihres kontinuierlichen Untergrunds nicht für die nachfolgend beschriebene Methode geeignet. Das Spektroskop wird nicht mit einem Spalt, sondern mit einer Lochblende aufgebaut, denn die Kaliumzelle wird am besten kreisförmig ausgeleuchtet. Die Kreisblende vor der Hg-Lampe wird scharf auf eine zweite Blende abgebildet, um spektral reines Licht zu selektieren: Bei hinreichender Dispersion ist das Licht der Quecksilber-Spektrallampe in farbige, monochromatische Kreise getrennt. Durch Drehen des Gitters kann man den Lichtkreis der gewünschten Wellenlänge auswählen. Die Wellenlängen der sichtbaren Emissionen sind bekannt, dann folgen die Kreise mit 404 nm und mit 365 nm, welche mit fluoreszierendem Papier nachgewiesen werden. Die Selektionsblende wird mit einer weiteren Linse scharf auf die Photokathode abgebildet. Der optische Aufbau ist in Abbildung 9.41 gezeigt. Die Position des Lichtflecks auf der Kathode ändert sich beim Drehen des Gitters nicht, weil die feststehende Selektionsblende den Strahlengang festlegt. Man kann also nach der Justage das Gehäuse der Photozelle schließen und die spektrale Selektion für die Messung auf der Zwischenblende mit einem Stück Papier überprüfen. Es ist mit dieser Zwischenabbildung zudem leicht möglich, für eine Photokathode mit zentraler, stabförmiger Anode eine angepasste Blende einzufügen.

Als Zahlenbeispiel sei genannt: 12 mm Blende an der Lampe, $f = 350$ mm Linsen im Spektroskop, 1200 lines/mm Gitter mit 400 nm blaze. Die Bestimmung der Gleichgewichtsspannung mit dem Selbstbau-Impedanzwandler aus Abbildung 2.8 und der Spektralselektion durch Gitter für die Wellenlängen von 576 nm bis 365 nm liefert h mit einem Fehler von etwa 5 %.

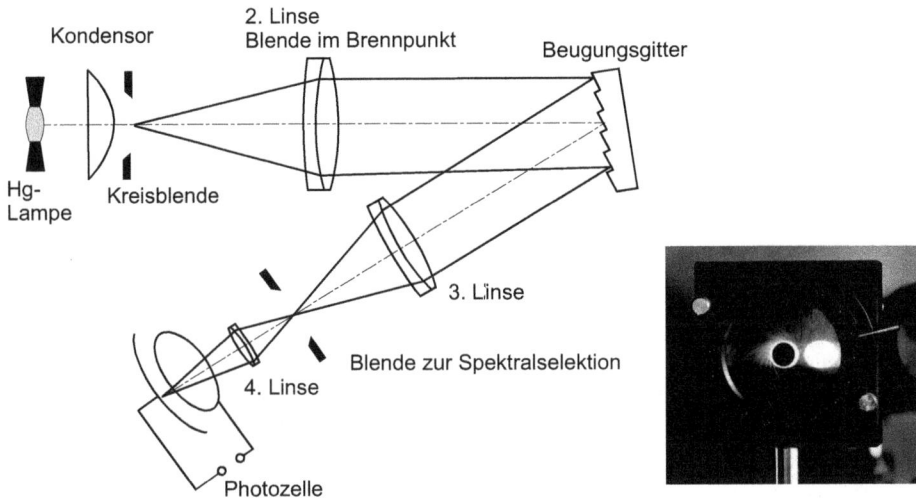

Abb. 9.41: *Messung ohne Interferenzfilter. Der Kondensor L1 leuchtet die erste Blende homogen aus, welches durch das gesamte Linsensystem scharf auf die Kathode abgebildet wird. Die Linsen L2 und L3 bilden das Spektroskop. Der Abstand von der Blende zu L2 ist deren Brennweite, so dass die Lichtwege vor dem Gitter parallel sind. L3 macht ein scharfes Zwischenbild auf der Blende zur spektralen Selektion. Die eingefügte Photographie zeigt zwei monochromatische Kreise auf der Blende, hier 546 nm und 578 nm. Die Kreise für 365 nm, 404 nm und 436 nm sind ebenfalls getrennt, liegen aber außerhalb des Blendenkörpers. Durch Drehen des Gitters kann man die gewünschte Wellenlänge auf die Blendenöffnung bringen.*

Auf dem Anodenring der Photozelle schlägt sich im Laufe der Zeit Kalium nieder, wodurch die Austrittsarbeit erhöht und die Messgenauigkeit vermindert wird. Das Kalium kann durch Erhitzen des Anodenrings abgedampft werden. Es ist klar, dass man die Sache im thermischen Gleichgewicht nur verschlimmert, das Erhitzen muss also pulsartig erfolgen. Dazu werden die beiden Anschlüsse des Anodenrings getrennt und über einen zusätzlichen Schalter an ein strombegrenztes Netzgerät angeschlossen. Die Stromstärkebegrenzung wird vorab auf 1 A eingestellt. Die Spannung muss hoch genug sein, dass diese Stromstärke trotz Widerstand des Anodenrings auch erreicht wird. Der Strompuls hat eine Dauer von einer Sekunde. Längere Strompulse sind schädlich, Wiederholungen bringen nichts! Das Ausheizen des Anodenrings ist eine beliebte Maßnahme bei unbefriedigenden Messresultaten. Sie enttäuscht in der Regel, weil der Fehler fast immer woanders liegt, und verkürzt die Lebensdauer der Kalium-Zelle.

9.3   Astronomische Beobachtungen

Eine Monographie zu allen Aspekten der Amateurastronomie ist [119]. Mit dem kosten-
losen Sternkartenprogramm Cartes du Ciel [18] kann man Sternkarten für frei wählbare
Zeiten und geographische Orte berechnen. Dieses Programm ersetzt nicht das Jahrbuch,
z.B. [3], in dem man zahllose Beobachtungshinweise findet, die insbesondere für den
Einstieg in die Astronomie geeignet sind.

9.3.1   Beobachtungsbedingungen

Der Nachthimmel ist richtig dunkel, wenn die Sonne $18°$ unter dem Horizont steht.
Beginn und Ende der astromischen Dämmerung kann man mit drehbaren Sternkarten
oder Programmen berechnen oder in Jahrbüchern nachschlagen. Auf $50°$ geographi-
scher Breite endet die astronomische Dämmerung rund 2 Stunden nach Sonnenunter-
gang, im Mai und Juli dauert es bis zu drei Stunden, und zur Mittsommerzeit wird
es gar nicht richtig dunkel. Nicht alle Beobachtungen erfordern astronomische Dunkelheit; Planeten und Mond kann man auch gut in der Dämmerung betrachten, und bei
einer Exkursion zu einem guten Beobachtungsstandort in freier Natur kann gerade die
bewusst erlebte Dämmerung ein besonderes Erlebnis für Schüler sein. Merkur und die
ganz junge Mondsichel sind ausschließlich in der Dämmerung zu sehen.

Für die Beobachtung interstellarer Objekte wie Spiralgalaxien, Kugelsternhaufen und
Gasnebel muss der Himmelshintergrund so dunkel wie möglich sein. Ein heller Mond
stört ebenso wie Aufhellung durch Straßenlaternen oder atmosphärischer Dunst. Die
größte Beeinträchtigung eines schönen Erlebnisses ist aber die Kälte; man kann sich
gar nicht warm genug anziehen.

9.3.2   Beobachtung mit dem bloßen Auge

Astronomie war schon vor der Erfindung des Fernrohrs eine weit entwickelte Wissenschaft, was heute angesichts der vielen beeindruckenden Bilder von professionellen
Sternwarten und Satelliten leicht vergessen wird. Dementsprechend wird oft übersehen,
wie lehrreich die Beobachtung mit dem bloßen Auge ist [67].

Die Bewegung des Fixsternhimmels als Resultat der Erdrotation ist sowohl am Tage
als Bewegung der Sonne als auch in der Nacht durch Drehung des Sternenhimmels bei
geschickter Wahl des Standortes schon in wenigen Minuten wahrnehmbar.

Der Jahreslauf der Sonne zeigt sich als veränderter Auf- und Untergangspunkt von
einem festen Standort gesehen schon an zwei aufeinanderfolgenden Tagen, zumindest im
Frühjahr und im Herbst. Dieses Phänomen ist den meisten Menschen schon nicht mehr
bekannt. Im Sommer steht die Sonne deutlich kürzer als 12 Stunden auf der südlichen
Himmelshälfte; es ist erstaunlich, wie lange ein Haus von der Nordseite beschienen wird.
Weitere Beobachtungsmöglichkeiten zum Sonnenlauf bietet das Horizontobservatorium
auf der Halde Hoheward bei Recklinghausen [56].

Die Eigenbewegung des Mondes – über seine Bewegung aufgrund der Himmelsdrehung
hinaus – sieht man normalerweise an zwei aufeinanderfolgenden Tagen. Im Verlauf
eines Abends kann man die Bewegung wahrnehmen, wenn Sterne in der Nähe sind. Pro

Stunde bewegt sich der Mond rund einen Durchmesser vor dem Sternenhintergrund. Spektakulär sind Sternbedeckungen. Jährlich gibt es mehrere Ereignisse, die gut mit dem unbewaffneten Auge zu sehen sind.

Die Bewegung der Planeten ist subtiler. Merkur, Venus und Mars verändern unter günstigen Bedingungen ihren Ort innerhalb von 24 Stunden wahrnehmbar. Bei Jupiter und Saturn muss man länger warten, oder man nimmt eine Digitalkamera zu Hilfe [90]. Weitere Erscheinungen am Himmel sind Finsternisse, Polarlichter und Meteore. Letztere erlebt man praktisch in jeder längeren Beobachtungsnacht.

9.3.3   Beobachtungen mit dem Teleskop

Das Spiel der Jupitermonde kann man mit den einfachsten Fernrohren sehen, wie schon Galilei vor 400 Jahren zeigte. Mit einem größeren Instrument, z.B. dem in Abschnitt 5.13 vorgestellten 8"-Dobson, erkennt man den Schatten, wenn ein Mond vor dem Planeten vorbeizieht. Der Vorübergang des inneren Mondes Io dauert gut zwei Stunden. In diesem Zeitrahmen erkennt man meist auch, wie die anderen Monde die Abstände untereinander ändern. Die Ereignisse sind in Jahrbüchern [3] tabelliert.

Unter den stellaren Objekten sind Doppelsterne und Kugelsternhaufen am leichtesten zu beobachten. Galaxien und Gasnebel enttäuschen bei schlechten Sichtbedingungen, obwohl sie natürlich für den fortgeschrittenen Beobachter äußerst interessant sind. Für Einzelheiten wird auf die Fachliteratur verwiesen [59, 63, 133].

Der Mond ist für Anfänger ein beeindruckendes Objekt. Nicht nur darum sollte man seine Beobachtung an den Schluss einer nächtlichen Veranstaltung stellen. Durch das helle Bild geht die Dunkeladaption der Augen zurück, welche für schwächere Objekte unbedingt notwendig ist. Mit Öffnungen größer als f/6 muss bei kleinen Vergrößerungen ein Graufilter vor dem Okular benutzt werden, weil das Bild sonst zu hell ist.

Die Beobachtung der Sonne ist für den Physikunterricht attraktiv, weil sie am Tage stattfinden kann. Interessant sind vor allem die Sonnenflecken. Die Venustransits in den Jahren 2004 und 2012 haben großes Interesse erregt, aber vor 2117 gibt es keine weiteren Ereignisse. Der nächste Merkurtransit ist am 9. Mai 2016.

Die Sonnenbeobachtung erfolgt mit Objektivfilter oder durch Okularprojektion. Okularfilter dürfen niemals verwendet werden, weil sie platzen können und das Auge des Beobachters unweigerlich zerstört würde. Die Projektion des Sonnenbildes hat den großen Vorteil, dass mehrere Schüler gleichzeitig beobachten können. Als Projektionsokular nimmt man am besten ein altes Exemplar ohne verkittete Linsen und auf jeden Fall ein Okular in Metallfassung. Kunststofffassungen schmelzen, wenn das primäre Sonnenbild nicht im Zentrum des Okulars liegt. Das projizierte Sonnenbild hat eine gute Helligkeit, wenn es auf Spiegeldurchmesser vergrößert ist. Größer als 200 mm kann man die Teleskopöffnung nicht wählen, weil die thermische Leistung im Glas des Okulars zu groß wird.

9.4   Wärme

9.4.1   Konvektion

Ein Temperaturunterschied in Fluiden wie Luft und Wasser hat einen Dichteunterschied zur Folge, der wiederum Antrieb einer Strömung ist, der Konvektion. Zur Demonstration eignet sich vorzüglich die Schlierenmethode [128]. Ein wassergefülltes Aquarium wird von einer möglichst kleinen Lampe, also Halogenlampe oder Xenarc-Lampe ohne Kondensor, in etwa einem Meter Abstand durchleuchtet und es werden Gegenstände eingebracht, die kälter oder wärmer sind als das Wasser. Auf einem Projektionsschirm sieht man dann Schlieren, die aufgrund von Brechungsindexunterschieden als Folge der Dichteunterschiede entstehen. Das Verfahren ist empfindlich genug zur Demonstration von Konvektion in Luft, siehe Abbildung 9.42. Man sieht deutlich, dass eine turbulente Strömung in Wasser oder Luft nicht leicht zu erreichen ist. Man muss daher möglichst große Dimensionen wählen, was eine Erhöhung der Reynoldzahl bedeutet.

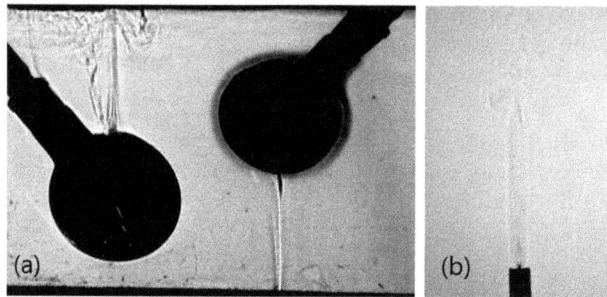

Abb. 9.42: *Schlierenprojektion von Konvektionsströmungen. (a) in Wasser, angetrieben durch den linken Kolben mit heißem Wasser und den rechten Kolben mit Eiswasser; (b) in Luft oberhalb einer Kerzenflamme.*

9.4.2   Innentemperatur eines Hausmodells

Quantitative Versuche zur Wärmeleitung sind oft problematisch, weil es lange dauert, bis sich ein Fließgleichgewicht des Wärmestroms ausgebildet hat. Der Wärmeübergang zwischen einem festen Körper und der umgebenden Luft wird durch eine stationäre Luftschicht vermindert, welche einen recht großen Wärmewiderstand hat. So kommt es, dass Fenster auf der Innenseite eines Hauses im Winter deutlich kälter als Raumtemperatur sind, obwohl sie vordergründig in ständigem Kontakt mit der Raumluft sind.

Ein bewusst gestaltetes Modell des Passivhauses [14] erlaubt quantitative Messungen der Wärmeleitung, macht die Anwendung von Modellen deutlich und motiviert durch Alltagsbezug und Relevanz für das Problem der Energievergeudung. Ein würfelförmiger Kasten von 20 cm Kantenlänge aus Fermacell oder Gipskartonplatte wird mit 3cm dicker Styroporplatte isoliert. Als Heizung im Innern des Kastens dient eine Glühbirne mit 5 W elektrischer Leistung. Nach einer Wartezeit bildet sich ein Fließgleichwicht der Wärme mit erhöhter Innentemperatur im Kasten. Der Wärmewiderstand der Styroporschicht ist soviel größer als der Wärmewiderstand der isolierenden Luft-Grenzschichten, dass letzterer vernachlässigt werden kann. Der Wärmewiderstand der Fermacell-Platten ist vergleichsweise klein, so dass der innere Kasten eine homogene Temperatur aufweist. Deshalb handelt es sich hier um ein eindimensionales (radiales) Problem, welches durch eine Simulation überprüft wird. Durch Verdoppeln der Isolationsschicht auf 6 cm Dicke steigt die Innentemperatur an, bzw. zum Erreichen der ursprünglichen Innentemperatur kann die Heizleistung halbiert werden. Neben der Ersparnis von Heizwärme zeichnet sich das Passivhaus durch besonders geringe Schwankungen der Innentemperatur aus. Die Verdopplung der Isolationsschicht hat den gleichen Effekt wie eine Erhöhung der Wärmekapazität durch Verdopplung der Innenwände. Ein Passivhaus mit relativ dünner Wand ist also genauso komfortabel wie ein Altbau mit dicken Steinwänden – das kann unmittelbar im Experiment nachgewiesen werden. Abbildung 9.43 zeigt die Temperaturdifferenz zwischen Innenraum und Umgebung für eine zyklische Beheizung mit 8 Stunden Periode.

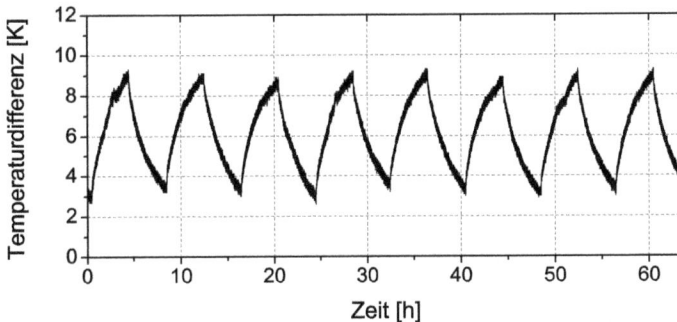

Abb. 9.43: Temperaturdifferenz zwischen Innenraum und Umgebung eines zyklisch geheizten Passivhausmodells.

9.4.3 Wärmetransport durch Licht

In der Literatur werden Infrarotlicht und „Wärmestrahlung" synonym benutzt. Es entsteht der Eindruck, dass sichtbares Licht keine Wärme transportiere. Begriffe wie Kaltlichtlampe o.ä. verstärken diese Fehlvorstellung noch. Der Wärmetransport im engeren Sinne, nämlich die Entropiestromstärke des Lichts, hängt vom Spektrum ab und ist nicht unmittelbar messbar. In Demonstrationsexperimenten misst man stets den Energiestrom über die durch Absorption erzeugte Wärme, z.B. durch Bestrahlung eines geschwärzten Thermometers.

Ein Experiment zum Wärmetransport des Lichts sollte zuerst zeigen, dass sichtbares Licht Energie transportiert. Man kann das mit einer Glühlampe machen oder überzeugender mit einer blauen oder grünen LED. Erst im zweiten Schritt geht man auf die Wärmewirkung der unsichtbaren Infrarotstrahlung ein, man arbeitet also die Gemeinsamkeiten heraus, um die oben genannten Fehlvorstellungen gar nicht erst aufkommen zu lassen. Auch die Entdeckung der Infrarotstrahlung durch Friedrich Wilhelm Herschel (1738–1822) basiert auf der Untersuchung der Wärmewirkung des sichtbaren Lichts, die zu seinem Erstaunen am roten Rand des Spektrums nicht abnahm und die sich über die Spektralgrenze hinaus nachweisen ließ.

Zur Verdeutlichung des Strahlungsmechanismus wird manchmal vorgeschlagen, etwas Kaltes zwischen Lampe und Thermometer zu stellen. Wenn man Eiswasser nimmt, wird das Experiment nur schlecht funktionieren, da Wasser fast den gesamten Infrarotbereich absorbiert. Bestenfalls kann man heißes und kaltes Wasser vergleichen (dann misst man die Wärmewirkung des sichtbaren Lichts allein), nicht aber kaltes Wasser und eine leere Küvette im Vergleich.

Die Wärmewirkung einer 100 W Halogenlampe ist schon mit einer einfachen 1:1 Abbildung deutlich auf dem Handrücken zu spüren. Bei einer großen Linsenöffnung kann man schwarze Pappe ankokeln, und bei der Verwendung von zwei asphärischen Kondensorlinsen mit Öffnung f/0,85 in symmetrischer Anordnung kann im Bild der Wendel eine Temperatur von über 600 °C nachgewiesen werden. Problematisch ist im letzten Fall, dass der Aufbau sehr kompakt ist, der Abstand von der Wendel beträgt nur wenige Zentimeter. Für eine effiziente Leistungsübertragung über eine größere Strecke muss man mehrere Linsen in symmetrischer Anordnung verwenden, wie in Abbildung 9.44 gezeigt ist. Ein Kondensor vor der Wendel sorgt dafür, dass ein großer Raumwinkel abgedeckt wird. Die Öffnung des Kondensors wird mit zwei Plankonvex-Linsen (oder Achromaten) im Maßstab 1:1 abgebildet. Die scharfe Bildebene erkennt man deutlicher, wenn man direkt vor den Kondensor einen Draht spannt. Der Abstand der Wendel zum Kondensor wird so eingestellt, dass deren Bild zwischen den beiden langbrennweitigen Linsen L2 und L3 liegt. Der bildseitige Kondensor L4 bildet das Zwischenbild verkleinert ab; bei symmetrischer Anordnung mit gleichen Brennweiten ist der gesamte Abbildungsmaßstab für die Wendel ebenfalls 1:1. Mit dieser Anordnung gelingt es bei sorgfältiger Justierung und hoch geöffneten Kondensoren, auf größere Entfernung ein Streichholz zu entzünden. Mit Kenntnis der Optionen kann man sich mit einer didaktischen Begründung für die einfache symmetrische Abbildung mit subjektiver Wärmewahrnehmung auf dem Handrücken entscheiden.

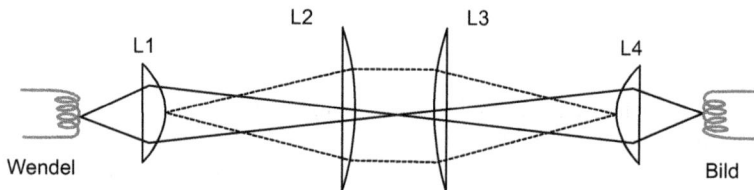

Abb. 9.44: *Effiziente Leistungsübertragung mit Licht. Die durchgezogenen optischen Wege bezeichnen die Abbildung der Wendel durch das gesamte Linsensystem, die gestrichelten Wege bezeichnen die Abbildung der Kondensorfassungen durch die zentralen Linsen L2 und L3.*

Literaturverzeichnis

[1]   ACHILLES, Manfred: *Historische Versuche der Physik: nachgebaut und kommentiert.* Frankfurt am Main: Edition Wötzel, 1996

[2]   ADAMS, Ansel: *Die Kamera.* München: Christian, 1994

[3]   *Ahnerts Astronomisches Jahrbuch 2012.* Heidelberg: Spektrum der Wissenschaft Verlag, 2011.

[4]   Analog Devices, Inc., 3 Technology Way, Norwood, MA 02062, U.S.A. Datenblatt des Operationsverstärkers AD820 ist verfügbar unter www.analog.com/static/imported-files/data_sheets/AD820.pdf

[5]   ANGERER, Ernst von: *Technische Kunstgriffe bei physikalischen Untersuchungen.* Braunschweig: Vieweg, 1936

[6]   ANIPROP GbR, Dr. Wolfgang Send, Sandersbeek 20, D-37085 Göttingen. www.aniprop.de

[7]   AstroMedia-Versand, Ilka Rhode, Zuckerdamm 15, 23730 Neustadt in Holstein, Germany. www.astromedia.de

[8]   BAUMGARTNER, Christoph (Hrsg.): *Handbuch der Epilepsien: Klinik, Diagnostik, Therapie und psychosoziale Aspekte.* Wien: Springer, 2001

[9]   BERGER, Roland; SCHMITT, Markus: Estimating the Earth's magnetic field strength with an extension chord. In: *The Physics Teacher* 41(5) (2003), S. 295–297

[10] BERGMANN; SCHÄFER: *Lehrbuch der Experimentalphysik, Band 1: Mechanik.* Berlin: Walter de Gruyter, 1974

[11] BLOOMFIELD, Louis: *How things work: the physics of everyday life.* New York: Wiley, 2006

[12] BOBST, Richard L.; KARLOW, Edwin A.: A direct potential measurement in the photoelectric effect experiment. In: *American Journal of Physics* 53 (1985), S. 911–912

[13] BOERSMA, John: *Bouwplan voor Kistorgel – Bau einer Truhenorgel – Building plan for chest organ.* Boejenga Music Publications BE1038. www.boejengamusic.com

[14] BRAUN, Stephanie; MEYN, Jan-Peter: Passiv-Haus Modelle. In: *PhyDid B - Didaktik der Physik - Beiträge zur DPG-Frühjahrstagung* (2012)

[15] CAGNET, Michel; FRANÇON, Maurice ; MALLICK, Shamlal: *Atlas optischer Erscheinungen: Ergänzungsband.* Berlin: Springer, 1971

[16] CAGNET, Michel; FRANÇON, Maurice ; THRIERR, Jean C.: *Atlas optischer Erscheinungen.* Berlin: Springer, 1962

[17] CANTZ, Rudolf (Hrsg.); HEERTSCH, Andreas (Hrsg.): *Wesenszüge der Elektrizität in Experimenten und typischen Anwendungen.* Dürnau: Verlag der Kooperative, 1992

[18] CHEVALLEY, Patrick: *Skychart / Cartes du Ciel* (Version 3.6). – www.ap-i.net/skychart/start

[19] CHLADNI, Ernst Florens F.: *Entdeckungen über die Theorie des Klanges.* Leipzig: Weidmanns Erben und Reich, 1797

[20] CHRISTLEIN, Günther: *Physikalische Experimente im Bild.* München: Bayerischer Schulbuchverlag, 1965

[21] Centre for Microcomputer Applications, van Leijenberglaan 124 (unit B), 1082 DB Amsterdam, The Netherlands. http://cma-science.nl/english/software/index.html

[22] CREASE, Robert P.: *The prism and the pendulum: the ten most beautiful experiments in science.* New York: Random House Trade Paperbacks, 2003

[23] CUNNINGHAM, James; HERR, Norman (Hrsg.): *Hands-on physics activities with real-life applications: easy-to-use labs and demonstrations for grades 8-12.* West Nyack, NY: Center for Applied Research in Education, 1994

[24] CVAHTE, M; STRNAD, J: A thermoelectric experiment in support of the second law. In: *European Journal of Physics* 9 (1988), S. 11–18

[25] DEMTRÖDER, Wolfgang: *Laser Spectroscopy.* Berlin: Springer, 1988

[26] Deutsche Norm. Sicherheitsbestimmungen für elektrische Mess-, Steuer-, Regel- und Laborgeräte Teil 1: Allgemeine Anforderungen (IEC 61010-1:2001). Deutsche Fassung EN 61010-1:2001; entspricht VDE 0411.

[27] Dick GmbH, Donaustrasse 51, 94526 Metten, Deutschland. www.dick.biz

[28] DRISCOLL, Walter G. (Hrsg.); VAUGHAN, William (Hrsg.): *Handbook of Optics.* New York: McGraw-Hill, 1978

[29] ECKERT, Bodo; STETZENBACH, Werner ; JODL, Hans-Jörg: *Low cost - high tech: Freihandversuche Physik; Anregungen für einen zeitgemäßen Unterricht.* Köln: Aulis-Verlag Deubner, 2001

[30] Edmund Optics Germany, Zur Giesserei 19-27, 76227 Karlsruhe, Germany. www.edmundoptics.de

[31] EICHLER, Hans-Joachim: *Das neue physikalische Grundpraktikum.* Berlin: Springer, 2006

[32] ELOSAL KG, Gewerbegebiet Natzing 23, 83125 Eggstätt. www.elosal.de

[33] Exide Technologies GmbH, Im Thiergarten, 63654 Büdingen. www.exide.de

[34] FÄSSLER, Amand (Hrsg.): *Die Top Ten der schönsten physikalischen Experimente.* Reinbek: Rowohlt-Taschenbuch-Verlag, 2005

[35] FEMTO Messtechnik GmbH, Paul-Lincke-Ufer 34, 10999 Berlin, Germany. www.femto.de

[36] Fluke Deutschland GmbH, Heinrich-Hertz-Straße 11, 34123 Kassel. www.fluke.de

[37] FRANCON, M; KRAUZMAN, N.; MATHIEU, J. P. ; MAY, M.: *Experiments in Physical Optics.* New York: Gordon and Breach, 1970

[38] FREIER, George D.; ANDERSON, Frances J.: *A demonstration handbook for physics.* College Park, Md.: American Assoc. of Physics Teachers, 1996

[39] FRIEDRICH, Artur (Hrsg.): *Handbuch der experimentellen Schulphysik.* Köln: Aulis, 1961

[40] GIRKE, Rudolf; SPROCKHOFF, Georg: *Physikalische Schulversuche.* Berlin: Volk und Wissen Volkseigener Verlag, 1951

[41] Globetrotter Ausrüstung Denart & Lechhart GmbH, Bargkoppelstieg 10 - 14, 22145 Hamburg www.globetrotter.de

[42] GREBE-ELLIS, Johannes: *Grundzüge einer Phänomenologie der Polarisation.* Berlin: Logos, 2005

[43] GREBE-ELLIS, Johannes (Hrsg.): *Open eyes 2005 - Ansätze und Perspektiven der phänomenologischen Optik.* Berlin: Logos, 2006

[44] Horst Gröger & Hans-Joachim Gerstenberg, Labor für klassische Photographie, Genthiner Str.3, 10785 Berlin. www.diaentwicklung.de

[45] Wolfgang Grzybowski, Rubensweg 5, 72622 Nürtingen. www.fernrohr-service.de

[46] Sven Gütte, Feinmechanikermeister, Heegeseeweg 5, 16837 Luhme-Heimland. www.stirlingshop.de

[47] Gundel-Putz, Im Erdwinkel 17, 90471 Nürnberg. www.gundel-putz.de

[48] HAHN, Dietrich (Hrsg.); WAGNER, Siegfried (Hrsg.): *Kohlrausch Praktische Physik.* Stuttgart: B. G. Teubner, 1985

[49] HAHN, Hermann: *Handbuch für physikalische Schülerübungen.* Berlin: Springer, 1909

[50]   Hielscher Dampfmodelle, Schmiedestraße 52, D-42279 Wuppertal.
       www.hielscher-dampfmodelle.de

[51]   HILSCHER, Helmut (Hrsg.): *Physikalische Freihandexperimente*. Köln: Aulis,
       2004

[52]   HistEx GmbH, Marie-Curie-Str. 1, 26129 Oldenburg. www.histex.de

[53]   Hoffmann GmbH Qualitätswerkzeuge, Haberlandstraße 55, 81241 München.
       www.hoffmann-group.com

[54]   HOROWITZ, Paul; HILL, Winfield: *The art of electronics*. Cambridge:
       Cambridge University Press, 2008

[55]   IBS Magnet, Ing. K.-H. Schroeter, Kurfürstenstr. 92, 12105 Berlin.
       www.ibsmagnet.de

[56]   Initiativkreis Horizontastronomie im Ruhrgebiet e.V. - Initia Horae,
       Geschäftsstelle Sternwarte Recklinghausen, Stadtgarten 6, 45657
       Recklinghausen. www.horizontastronomie.de

[57]   ITOS-Gesellschaft für Technische Optik mbH, Robert-Bosch-Strasse 12, 55129
       Mainz, Germany. www.itos.de

[58]   JACKSON, Albert; DAY, David: *Handbuch der Holzbearbeitung*. Ravensburg:
       Ravensburger Buchverlag, 1994

[59]   JÄGER, Thomas: *Der Starhopper*. Erlangen: Oculum Verlag, 2008

[60]   Jensen Steam Engine, Inc., 700 Arlington Ave., Jeannette, PA 15644 USA
       http://jensensteamengines.com

[61]   JS-Lehrmittel, Bahnhofstraße 1, 98744 Cursdorf. www.js-lehrmittel.de

[62]   KANDSPERGER, Rupert; WILHELM, Thomas: *Elektromotore im Unterricht*.
       Hallbergmoos: Aulis-Verlag, 2011

[63]   KARKOSCHKA, Erich: *Atlas für Himmelsbeobachter*. Stuttgart: Franck-Kosmos,
       2004

[64]   KGW-Isotherm, Karlsruher Glastechnisches Werk - Schieder GmbH, Gablonzer
       Straße. 6, 76185 Karlsruhe. www.kgw-isotherm.de

[65]   Arneth, Gerhard et al.: *KMK-Richtlinien zur Sicherheit im Unterricht*.
       Sekretariat der Ständigen Konferenz der Kultusminister der Länder in der
       Bundesrepublik Deutschland, Taubenstraße 10, 10117 Berlin. www.kmk.org

[66]   KRAFTMAKHER, Yaakov (Hrsg.): *Experiments and demonstrations in physics*.
       Singapore: World Scientific, 2007

[67]   KRAUL, Walter: *Erscheinungen am Sternenhimmel*. Stuttgart: Verlag Freies
       Geistesleben, 2002

[68] Kremer Pigmente GmbH & Co. KG, Hauptstr. 41 - 47, 88317 Aichstetten, Germany. http://kremer-pigmente.de

[69] KRIEGE, David; BERRY, Richard: *The Dobsonian telescope: a practical manual for building large aperture telescopes.* Richmond: Willmann-Bell, 1997

[70] KUHN, Wilfried (Hrsg.): *Handbuch der experimentellen Physik: Sekundarbereich II.* Köln: Aulis, 1993

[71] LEE Filters, Central Way, Walworth Business Park, Andover, Hampshire, SP10 5AN, UK. www.leefilters.com

[72] LD Didactic GmbH, Leyboldstr. 1, 50354 Hürth. www.ld-didactic.de

[73] LIDE, David L. (Hrsg.): *CRC Handbook of Chemistry and Physics.* Boca Raton: CRC Press, 1995

[74] LOT-Oriel GmbH & Co. KG, Im Tiefen See 58, 64293 Darmstadt, Germany. www.lot-oriel.de

[75] LUBENOW, Martin; MEYN, Jan-Peter: Musician's and physicist's view on tuning keyboard instruments. In: *European Journal of Physics* 28 (2007), S. 23–35

[76] LÜDERS, Klaus (Hrsg.); POHL, Robert O. (Hrsg.): *Pohls Einführung in die Physik.* Berlin: Springer, 2008

[77] MACKENSEN, Manfred v.: *Klang, Helligkeit und Wärme.* Kassel: Bildungswerk Beruf und Umwelt, 1992

[78] MACKENSEN, Manfred v.; SCHULZ, Florian: *Felder, Wellen und Zerfall.* Kassel: Bildungswerk Beruf und Umwelt, 2001

[79] MAIER, Georg: *Optik der Bilder.* Dürnau: Verlag der Kooperative Dürnau, 2003

[80] MAIER, Georg: *Blicken, sehen, schauen.* Dürnau: Verlag der Kooperative Dürnau, 2004

[81] MAMOLA, Karl C. (Hrsg.): *Apparatus for teaching physics.* Collage Park: American Association of Physics Teachers, 1998

[82] Maxwell Technologies, Inc., 9244 Balboa Avenue, San Diego, CA 92123, USA. www.maxwell.com

[83] Dominic Mazzoni, et al.: Audacity 1.2.6 (30. Oktober 2006), Freier Audioeditor für verschiedene Betriebssysteme, http://audacity.sourceforge.net

[84] MEINCKE, Marcus; STRUNZ, Andreas ; MEYN, Jan-Peter: Optimierung des Drehspiegelexperiments zur Bestimmung der Lichtgeschwindigkeit nach Foucault und Michelson. In: *PhyDid B - Didaktik der Physik - Beiträge zur DPG-Frühjahrstagung* (2012)

[85] MEINERS, Harry F. (Hrsg.): *Physics Demonstration Experiments.* Bd. I. New York: The Ronald Press Company, 1970

[86] MEINERS, Harry F. (Hrsg.): *Physics Demonstration Experiments*. Bd. II. New York: The Ronald Press Company, 1970

[87] MELISSINOS, Adrian C.; NAPOLITANO, Jim: *Experiments in modern physics*. San Diego: Academic Press, 2003

[88] MESCHEDE, Dieter: *Optik, Licht und Laser*. Wiesbaden: Vieweg + Teubner, 2008

[89] MEYN, Jan-Peter: Colour mixing based on daylight. In: *European Journal of Physics* 29 (2008), S. 1017–1031

[90] MEYN, Jan-Peter: Observation of planetary motion using a digital camera. In: *Physics Education* 43 (2008), S. 525–529

[91] MEYN, Jan-Peter: Ultra-capacitor based current source for magnetic field demonstration. In: *European Journal of Physics* 31 (2010), S. L1–L4

[92] MEYN, Jan-Peter: Labortische mit Gewinderaster. In: *Praxis der Naturwissenschaften* 60 Nr. 3 (2011), S. 26–31

[93] MILLIKAN, R. A.: A Direct Photoelectric Determination of Planck's "h". In: *Phys. Rev.* 7 (1916), S. 355–388

[94] MILLIKAN, R. A.: The Distinction between Intrinsic and Spurious Contact E.M.F.S and the Question of the Absorption of Radiation by Metals in Quanta. In: *Phys. Rev.* 18 (1921), S. 236–244

[95] MINNAERT, Marcel G. J.: *Light and color in the outdoors*. Neuausgabe. New York: Springer, 1995

[96] MOORE, John H.; DAVIS, Christopher C. ; COPLAN, Michael A.: *Building scientific apparatus*. Cambridge: Cambridge University Press, 2009

[97] MÜLLER-HILL, Christoph; HEERING, Peter: Control and stabilization: making Millikan's oil drop experiment work. In: *European Journal of Physics* 32 (2011), S. 1285–1291

[98] neoLab Migge Laborbedarf-Vertriebs GmbH, Rischerstr. 7-9, 69123 Heidelberg. www.neolab.de

[99] Gerd Neumann, Jr., Nottulner Landweg 104, D-48161 Münster-Roxel. www.gerdneumann.net.

[100] Newport Spectra-Physics GmbH, Guerickeweg 7, 64291 Darmstadt, Germany. www.newport.com

[101] NEWTON, Isaac: *Opticks*. London: William Innys, 1730. – reprint, New York: Dover, 1979

[102] NOACK, Karl: *Leitfaden für physikalische Schülerübungen*. Berlin: Springer, 1892

[103] NOACK, Karl: *Aufgaben für physikalische Schülerübungen*. Berlin: Springer, 1905

[104] Obsession Telescopes, PO Box 804, Lake Mills, WI 53551, USA. www.obsessiontelescopes.com

[105] OPITEC Handel GmbH, Sulzdorf / Hohlweg 1, 97232 Giebelstadt. www.opitec.com

[106] Optotune AG, Bernstrasse 388, CH-8953 Dietikon, Schweiz. www.optotune.de

[107] Pädagogische Forschungsstelle beim Bund der Freien Waldorfschulen, Brabanter Str. 30, D-34131 Kassel. www.lehrerseminar-forschung.de

[108] Martin Panusch und Peter Heering, Institut für Physik und Chemie und ihre Didaktik, Auf dem Campus 1, 24943 Flensburg. Persönliche Mitteilung.

[109] PHYSICS TEACHERS, American A. (Hrsg.): *Safety in Physics Education*. College Park, MD: American Association of Physics Teachers, 2001

[110] PLANINŠIČ, Gorazd: Color Mixer for Every Student. In: *The Physics Teacher* **42** (2004), S. 138–142

[111] POHL, Robert W.: *Einführung in die Optik*. Berlin: Springer, 1942. – S. 27

[112] POWELL, R. A.: The Photoelectric Effect: Back to the basics. In: *American Journal of Physics* 46 (1978), S. 1046–1051

[113] Qioptiq Photonics GmbH & Co. KG, Königsallee 23, 37081 Göttingen, Germany. www.qioptiq.com

[114] RAPIOR, Gerald; SENGSTOCK, Klaus ; BAEV, Valery: New features of the Franck-Hertz experiment. In: *American Journal of Physics* 74(5) (2006), S. 423–428

[115] Reiss Laborbedarf e.K., In der Dalheimer Wiese 22, 55120 Mainz-Mombach. www.reiss-laborbedarf.de

[116] RINCKE, Karsten: Messung der Entropiestromsrärke. In: *Praxis der Naturwissenschaften Physik* 49(2) (2000), S. 23–28

[117] Rosco Laboratories Inc., 52 Harbor View, Stamford, CT 06902, USA; www.rosco.com. Lieferant in Deutschland: FFL-Rieger GmbH, Eggenfelder Strasse 54, 81929 München; www.ffl-rieger.de

[118] ROSSING, Thomas D. (Hrsg.): *Teaching light & color*. College Park, MD: American Association of Physics Teachers, 2002

[119] ROTH, Günther D. (Hrsg.): *Handbook of practical astronomy*. Berlin: Springer, 2009

[120] SAVOIE, Denis: *Sundials: design, construction, and use*. Berlin: Springer, 2009

[121] Jos. Schneider Optische Werke GmbH, Ringstraße 132, 55543 Bad Kreuznach, Germany. www.schneider-kreuznach.de

[122] Schott AG, Hattenbergstrasse 10, 55122 Mainz. www.schott.com/optics_devices/german/download/index.html

[123] SCHRÖDINGER, Erwin: Theorie der Pigmente von größter Leuchtkraft. In: *Annalen der Physik* 62 (1920), S. 603–622

[124] Wilh. Schröder GmbH & Co. KG Metallwarenfabrik, Schützenstraße 12, D-58511 Lüdenscheid. www.wilesco.de

[125] SCHULZ, Florian: *Mikrowellen*. Kassel: Bildungswerk Beruf und Umwelt, 2004

[126] SCHWARZE, Heiner: Neue Zugänge zur Wärmelehre. In: *Praxis der Naturwissenschaften Physik* 49(2) (2000).

[127] Thyristor SKET 330/12, manufactured by SEMIKRON Elektronik GmbH & Co. KG, Sigmundstrasse 200, 90431 Nürnberg. www.semikron.de

[128] SETTLES, Gary S.: *Schlieren and shadowgraph techniques: visualizing phenomena in transparent media*. Berlin: Springer, 2001

[129] SOMMER, Wilfried: *Zur phänomenologischen Beschreibung der Beugung im Konzept optischer Wege*. Berlin: Logos, 2005

[130] SPROTT, Julien C.: *New physics demonstrations*. Madison: University of Wisconsin Press, 2006

[131] STEMPEL, Ulrich E.: *Experimente mit dem Stirlingmotor*. Poing: Franzis, 2010

[132] Paul Stollwerk Glasbläserei, Untere Dorfstraße 21a, D-84547 Emmerting. www.glasto.de

[133] STOYAN, Ronald: *Deep Sky Reiseführer*. Erlangen: Oculum Verlag, 2004

[134] STOYAN, Ronald: *Fernrohrführerschein in vier Schritten*. Erlangen: Oculum Verlag, 2008

[135] Stuart Models, Braye Road, Vale, Guernsey, Channel Islands, GY3 5XA, United Kingdom. www.stuartmodels.com

[136] SUTTON, Richard M.: *Demonstration Experiments in Physics*. New York: McGraw Hill, 1938

[137] TAYLOR, Charles: *The Art and Science of Lecture Demonstration*. New York: Taylor & Francis, 1988

[138] Testo AG, Testostrasse 1, 79853 Lenzkirch, Germany. www.testo.de

[139] Thorlabs GmbH, Hans-Boeckler-Str. 6, 85221 Dachau, Germany. www.thorlabs.de

[140] TIETZE, Ulrich; SCHENK, Christoph; GAMM, Eberhard: *Halbleiter-Schaltungstechnik.* Heidelberg: Springer, 2010

[141] UCKE, Christian; SCHLICHTING, Hans-Joachim: *Spiel, Physik und Spaß: Physik zum Mitdenken und Nachmachen.* Weinheim: Wiley-VCH, 2011

[142] ULRICH, Patrick: *Experimente mit „Supermagneten" im Physikunterricht : Versuchsreihe zur phänomenologischen Beschreibung von Magnetismus unter Verwendung von „Supermagneten".* Saarbrücken: VDM, Verlag Dr. Müller, 2008

[143] VETTER, Andreas; STRUNZ, Andreas; BRONNER, Patrick ; MEYN, Jan-Peter: Photonik macht Schule - Ein Schülerlabor zur modernen Optik und Quantenoptik. In: *Praxis der Naturwissenschaften - Physik in der Schule* 59(8) (2010), S. 17–19

[144] VIEBACH, Dieter: *Der Stirlingmotor: einfach erklärt und leicht gebaut.* Staufen bei Freiburg: Ökobuch, 2010

[145] Marc Vogel GmbH, Talgasse 2, 79798 Jestetten. www.vogel-scheer.de

[146] VOLLMER, Michael; MÖLLMANN, Klaus-Peter: Exploding balloons, deformed balls, strange reflections and breaking rods: slow motion analysis of selected hands-on experiments. In: *Physics Education* 46 (2011), S. 472–485

[147] VOLLMER, Michael; MÖLLMANN, Klaus-Peter: High speed and slow motion: the technology of modern high speed cameras. In: *Physics Education* 46 (2011), S. 191–202

[148] VOSSKÜHLER, Adrian: *Sounds 4.6.3.* – Software zur Klanganalyse, http://didaktik.physik.fu-berlin.de/projekte/sounds/index.html

[149] WALCHER, Wilhelm: *Praktikum der Physik.* Wiesbaden: Teubner, 2006

[150] WASCHKE, Felix; STRUNZ, Andreas ; MEYN, Jan-Peter: A safe and effective modification of Thomson's jumping ring experiment. In: *European Journal of Physics* 33 (2012), S. 1625–1634

[151] WEHNELT, Arthur: *Das Handfertigkeitspraktikum: ein Hilfsbuch für den Handfertigkeitsunterricht an höheren Lehranstalten und zum Selbstunterricht.* Braunschweig: Vieweg, 1920

[152] WEIGERT, Alfred; WENDKER, Heinrich J.: *Astronomie und Astrophysik.* Weinheim: VCH, 1983

[153] WILKE, Hans-Joachim (Hrsg.): *Historische physikalische Versuche.* Köln: Aulis-Verl. Deubner, 1987

[154] WIMA GmbH & Co.KG, Pfingstweidstr. 13, 68199 Mannheim. www.wima.de

[155] WinLens 3D basic, freie Software von Geoff Adams. www.winlens.de

[156] WITTMANN, Josef: *Physik in Wald und Flur: Beobachtungen und Gedanken eines Physikers in der freien Natur.* Köln: Aulis-Verlag Deubner, 1998

[157] WONG, Darren; LEE, Paul; SHENGHAN, Gao; XUEZHOU, Wang; QI, Huan Y.; KIT, Foong S.: The photoelectric effect: experimental confirmation concerning a widespread misconception in the theory. In: *European Journal of Physics* 32 (2011), S. 1059–1064

[158] WRIGHT, Winthrop R.: The Photoelectric Determination of h as an Undergraduate Experiment. In: *American Journal of Physics* 5 (1982), S. 65–67

Index

www.ingramcontent.com/pod-product-compliance
Lightning Source LLC
Chambersburg PA
CBHW061337210326
41599CB00002B/2